兩週搞定 **成功創業**
專案計畫書！

新創、開店、找資金，你該告訴投資人的幾件事

張嶂、馬廣印 著

前言

對於創業者來說，專案計畫書是一張遞給投資人的名片。透過專案計畫書，投資人可以看到創業者操盤方案的商業價值，以及可預期的投資前景。

一份好的專案計畫書，不是向投資人誇大專案的商業價值，因為投資人每天不知道要看多少份專案計畫書，早已練就洞察真偽善惡的眼力。許多創業者將專案計畫書看成是一種投資專案的華麗包裝，這種想法只會讓專案計畫書失去本來的價值，成為一疊華而不實的廢紙，讓投資人丟進垃圾桶。

一份優秀的專案計畫書要達到什麼樣的目的呢？這個問題回答起來也不難，那就是放棄華而不實的辭藻，用最貼切的語言讓投資者知道：我要做什麼、怎麼做，前景如何，會給投資人帶來多少效益報酬，這些回報如何兌現。

總體來說，就是投資人想知道什麼，你的專案計畫書就如實地呈現什麼。投資人是實質資金投入的，當然有權知道投進去的錢怎麼花，投資你的專案能賺多少，什麼時候能安全

地把錢收回來。把這三個問題在專案計畫書裡講清楚，投資人再結合自身的投資計畫綜合考量，相信募資的目標就離你不太遠了。

許多創業者撰寫的專案計畫書，內容不是「唬弄」，就是寫得不切實際，機械化地套用別人的方法，沒邏輯、沒層次、重點不突出，絲毫無法引起投資人的興趣。投資人對你的專案計畫書不感興趣，會爽快地給公司資金嗎？不可能！

那麼，專案計畫書究竟應該怎麼寫？本書從專案計畫書的撰寫原則、團隊運營、商業模式、行銷計畫、財務計畫、資金退出、市場分析等方面，告訴你如何寫一份專案計畫書，讓投資人會看，會被打動，讓你在募資的過程中馬到成功。

筆者在本書裡繪製大量的圖表，用圖表代替抽象化的知識描述，讓相對枯燥的知識深入細緻地講解，讓讀者更直覺、更深刻地領悟專案計畫書的撰寫精髓，實踐完成一份優秀的募資專案計畫書。

目錄 ————————————————————————————

1

專案計畫書：快速吸引並打動投資人

2

撰寫原則：從投資人的角度出發

3

公司團隊：告訴投資人你們是最棒的

4

商業模式：告訴投資人你們靠什麼賺錢

5

行銷計畫：告訴投資人你們用什麼辦法賺錢

6

財務計畫：告訴投資人你們靠什麼盈利

7

資金退出：讓投資人能夠進得來更能出得去

8

市場分析：與投資人形成共鳴

1

專案計畫書：

快速吸引並打動投資人

專案計畫書是開啟風險投資人對企業投資的鑰匙。一份內容全面、通俗易懂的專案計畫書，可以讓投資人認識創業企業，並作出最終投資的決定。所以，專案計畫書應該在專業人士的指導下，結合企業內部實際情況去撰寫，以吸引投資人，打動投資人。

● ● ●

什麼是專案計畫書

專案計畫書是書面材料，是企業向投資人或交易對象對未來的發展做出的規劃。公司專案計畫書做得好，就可以促成交易、拿到投資，進而達到招商投資或者是其他的發展目標。做出一份完美的專案計畫書對於企業的進一步發展是非常關鍵的。

1-1 專案計畫書主要內容

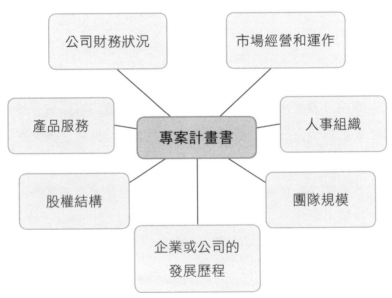

專案計畫書呈現的是一個周詳的專案計畫。它有固定的格式，內容涵蓋也比較廣泛，幾乎囊括投資人感興趣的內容，以便其對企業做出評判，決定是否將資金投入到該專案中。

一般來說，專案計畫書主要內容包括如圖 1-1 所示幾個項目。

⊙ 案例

某公司想要加快邁進周邊城市的步調，透過編寫專案計畫書誠邀投資人加盟。公司專案計畫書首先介紹企業經營理念與特徵，接著表明公司的商機和戰略，指出目標市場與預測年營業額；公司相關責任人還在專案計畫書中說明企業的競爭優勢，以及企業團隊所具備的實力。專案計畫書中清晰的介紹讓加盟者對公司有初步的了解。

接下來，公司介紹行業、企業和產品，以及服務。之前，公司在市場做過研究調查並在專案計畫書中做了相對應的分析，同時還對未來做了完美的規劃，包括在經營、設計和開發各方面都給出相對應的方案。

同時，專案計畫書還強調公司有一支強大的管理團隊，介紹公司財務狀況，並以表格的方式呈現，讓人一目了然。對未來發展中存在的問題及風險，公司在專案計畫書中也提出假設，並給出相對應的解決方案。

一位在當地非常有名的投資人看過這份專案計畫書後，產生很大的興趣。隨後對這家公司進行進一步的了解，毅然決然成為該公司的投資人。

在上述案例中，專案計畫書內容還包括商機和戰略，目標市場與年營業額預測……等等。公司和企業想要吸引投資人的目光，讓其產生濃厚的興趣，專案計畫書就要做到盡可能完美，內容詳細真實、體系完整、資料豐富多樣、裝幀精美，否則招商投資計畫很容易就會落空。沒有人會將資金投放給一個根本不熟悉或者是看不到發展前景的企業。由此可見，專案計畫書對一個企業的發展非常重要。另外，專案計畫書也是企業管理的一個重要工具，集溝通、管理、承諾多重任務於一身，如圖 1-2 所示。

1-2 專案計畫書的多重任務

溝通

‧ 讓投資人、員工和合作夥伴之間進行有效交流，展現企業價值所在。
‧ 讓企業利益者看到企業未來的盈利潛力和空間，放心投資。
‧ 提出企業發展中存在的隱患，提前做好備案措施

管理

· 凝聚團隊力量，為企業管理者制定工作規劃，為企業員工的工作指明方向。
· 引導企業正確發展，省時、省力、省資源

承諾

· 企業管理者透過專案計畫書對員工做出承諾，讓員工對公司充滿信心。
· 企業透過專案計畫書吸引投資人，開展募資，並做出相對應承諾

　　正因為專案計畫書有如此多的用途，所以無論是企業家還是創業者都需要作好專案計畫書，明確企業規劃，更好招商引資，促進企業發展。

對企業家

專案計畫書是企業家商業計畫的具體呈現，讓企業一步一步實現計畫

對投資人

專案計畫書能讓投資人看到推動企業迅速發展的時機，以進行投資

　　一份完美的專案計畫書是企業投資的關鍵，也是企業發展的指導性檔案。之所以很多企業的投資成功率不高，並不是專案本身沒有好的發展前景，或者是沒有較大的投資回報率，而是在專案計畫書上出了問題。專案方在制訂專案計畫書時，並沒有傾注太多的心思，草率應付，其結果導致投資人看不到美好的發展前景，進而失望，致使其對投資的興趣轉向其他的方案或者企業。這種情況對於募資企業來說是致命的，因為資金上的匱乏會制約整體方案的運作。一份專案計畫書很可能會導致募資失敗，專案無法運作。

　　因此專案計畫書應該引起企業的高度重視。相關管理者在擬定專案計畫書時，一定要對行業內市場進行充分的研究，結合企業本身的發展狀況勾勒出企業發展藍圖。另外專案計畫書在措辭上也要準確精煉，避免產生歧義或表達錯誤，影響整體的投資效果。好的專案計畫書要語言簡潔、明瞭，易操作，內容詳細、具體、客觀、完整、流暢，只有做到這些，專案計畫書才能吸引更多的投資人，為企業迎來更多的發展商機。

專案計畫書的重要性

　　企業專案在運作過程中往往需要大量的資金注入，企業無法獨立完成時，就需要招商引資。那麼如何吸引投資人拿出錢來呢？一般來說，投資人一定會把錢投在一個有投資前景的方案上，而這種前景就需要企業透過專案計畫書來為投資人呈現。因此，對於企業來說，專案計畫書就成了贏得資金的主要方式，它對企業發展引起非常重要的作用，如圖 1-3 所示為企業贏得資金的主要方式示意圖。

1-3 企業贏得資金的主要方式

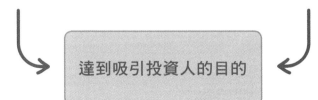

| 風險企業向風險投資人描繪未來企業發展狀態 | 風險投資人透過專案計畫書的可行創意與創業投資方案評估做出決斷達到吸引投資人的目的 |

達到吸引投資人的目的

專案計畫書對投資人的重要性如圖 1-4 所示。

1-4 專案計畫書對投資人的重要性

專案計畫書可以幫助企業者招商引資，擴大規模，以實現宏偉目標。每個投資人在投資前都非常謹慎，他們會將每個方案都看成是風險專案，同樣也會將自己要投資的企業看成是風險企業。這時，專案計畫書就可以促進企業將自己成功地推銷給投資人。

⊙ 案例

　　一家電商公司創始人 David 想要尋求 300 萬元的資金支持。經過長時間的探索，終於找到一家有實力幫助自己的公司，但與對方進行多次溝通之後，遭到對方的婉拒。David 雖然遭受挫折，但卻不氣餒，他覺得對方之所以不做自己的投資人，一定是有所顧慮。

　　為了消除這家私募公司負責人的顧慮，集合公司團隊的力量，針對公司的專案計畫書進行修改。David 在專案計畫書中分析市場格局，展示相比競爭對手存在的優勢，清晰地指出產品和企業未來的財務狀況。針對投資人考慮到的風險，也進行估測，並做出相對應的準備措施。David 為讓對方更加清晰地認識自己創辦的電商公司，他在專案計畫書中清晰地介紹公司背景、創立、發展規劃、組織結構、管理及理念等。

　　於是，當私募公司相關負責人看過 David 遞交的專案計畫書後，非常感興趣。

　　就這樣，這份清晰、明瞭的專案計畫書消除私募公司負責人的顧慮，透過與私募公司相關負責人一致研究，David 的電商公司獲得對方投資 100 萬元。

　　隔年，David 不辱使命，以 1000 萬元的純利潤回報投資人。

　　David 說：「現在是電商發展的高峰期，我們要在未來幾年裡成為上市公司。這是我們接下來要奮鬥的目標。」

對新創公司來說，一份完善的專案計畫書能夠讓創業者清晰地看到創業路線。創業者可以透過專案計畫書認清未來發展的方向，同時也可以更好地監控創業過程中的風險。專案計畫書對創業者的重要性如圖 1-5 所示。

1-5 專案計畫書對創業者的重要性

專案計畫書對創業者的重要性		
專案計畫書讓創業者的創業專案朝著正確的方向發展，並立足於競爭激烈的行業	專案計畫書是創業專案後續的實施和調整的藍本，有利於創業者對公司實際情況進行合理評估	專案計畫書為企業發展指明方向，以激勵員工努力奮進

專案計畫書清晰地記錄著企業的相關資質，在撰寫專案計畫書之前，創業者必定會對公司資料進行整合。這樣，創業者也會對自身有個清晰的認識，有助於增強信心。在此基礎上，創業者才能夠說服投資人。要知道，專案計畫書是投資人認可的文字表明方式，而投資人的時間是寶貴的，如果創業者不能在專案計畫書中清晰地表明自己的優勢，那麼即使

方案再完美，投資人也不會了解，最後導致的結果就是將專案抱在手裡出不去。

對於一個成熟的企業而言，專案計畫書可以為其下一步的發展打好基礎，還可以讓企業員工了解企業，讓員工明確自己的任務，團結一切可以團結的力量，為實現企業的宏偉藍圖共同努力。

由此可見，專案計畫書對於一個企業有多麼重要。一個企業，尤其是初創企業，不制訂專案計畫書，幾乎寸步難行。

● ● ●

類型多樣的專案計畫書

創業者將已製作好的專案計畫書提交給投資人，有的時候，投資人以委婉的口吻推脫；有的時候，他們也會直接拒絕。如此一來，專案計畫書也就成為廢紙，毫無用處，創業者投注的精力創作的成果到最後付諸東流。

這時，創業者就應從自身找原因，而原因很可能就是因為所製作的專案計畫書不符合投資人的口味。

創業者要想獲得投資人的青睞，首先就要讓投資人對自己所制訂的專案計畫書感興趣。當創業者將專案計畫書提交到投資人的手中時，切不可讓對方讀得一頭霧水。創業者應該了解投資人喜歡看的專案計畫書是以什麼類型呈現的，這是使投資人對專案計畫書感興趣的關鍵。因此，創業者在制定專案計畫書之前，要了解專案計畫書的分類，如圖 1-6 所示。

1-6 專案計畫書的分類

微型規模專案計畫書對篇幅沒有過多的要求，內容包括商業理念、需求、市場行銷計畫和財務報表等，而財務報表中要突出顯示企業現金流動、收入預測和資產負債，以表格的形式顯示會更為明顯。微型計畫書當中的商業理念基於某種微型計畫。微型計畫書具有以下特徵，如圖 1-7 所示。

1-7 微型規模專案計畫書的特徵

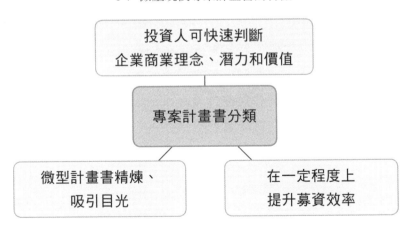

電子商務專案計畫書以電子檔的形式展示，可以快速、直覺、便捷地傳送至投資人的手中。不過這種形式的專案計畫書的製作成本雖然低廉，但卻存在弊端。電子商務專案計畫書方便複製，傳播速度快，稍不留神就會洩露商業機密，因此，必須要求閱讀者嚴格保密。

⊙ 案例

某醫療設備有限公司需要生產一批先進的儀器，但卻因為資金缺乏而遲遲沒有投入人力、物力進行生產。正在這時，一家大型醫療銷售公司打算投資一家公司讓其生產醫療設備。這家醫療設備有限公司的相關負責人得知這一消息後，開始讓專業人士為自己公司製作一份詳細的專案計畫書。計畫書製作出來之後，他打算將其列印、裝訂，然後親自交到那家大型醫療銷售公司的相關負責人手中。

當他去找那位負責人時，對方正在外地出差，雙方經過電話溝通之後，對方表明還沒有看過其他家的專案計畫書。這時，該醫療設備有限公司的負責人感到是個機會，便和對方協商，說自己手中有電子版的專案計畫書，希望對方可以騰出時間來看。對方同意了。

幾天後，該醫療設備有限公司相關負責人就接到了對方的電話，對方在電話裡表明已經看過了專案計畫書，而且對他們即將投入生產的醫療設備非常感興趣。對方還表示，他們有意向將資金投入到這家醫療設備有限公司。

專案執行計畫書作為運作企業的工具，這種類型的專案計畫書重在描述詳盡內容，篇幅較長，語言簡練。執行計畫書主要為企業內部員工做指導性工作，所以，對於計畫書的排版和裝訂沒有過高的要求，但於事實和資料的要求是非常嚴格的。

提交商業計畫書是給投資人提交的另一種類型的計畫書，其具備執行計畫書相同內容。這種類型的計畫書與專案執行計畫書相比較，在風格和語言的描述上存在一定的區別。除此之外，提交商業計畫書應增加附加內容，需要詳細地向投資人展示企業所面臨的競爭和存在風險。

創業者知道專案計畫書的大致類型，接下來，還要將不同類型的計畫書進行細分。在這之前，創業者還要了解投資人究竟喜歡以什麼樣的方式去看專案計畫書。同樣，創業者也應該考慮到投資人時間或精力問題：如果他們的時間充裕，創業者就可以提供一份詳細的計畫書；如果投資人僅有幾分鐘的時間，這時，創業者就應該提供一份精煉的專案計畫書。

企業在為投資人提交商業計畫書之前，對專案計畫書的排版一定要結合實際情況。對專案計畫書可以進行如圖 1-8 所示分類。

1-8 專案計畫書分類

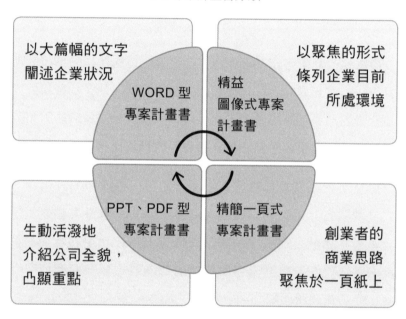

WORD 型專案計畫書的內容完整、結構嚴謹，但卻需要投資人耗用較長的時間去閱讀。為此，創業者可以以精簡一頁式或精益圖像式專案計畫書的形式展示，讓投資人知道這份專案計畫書的內容非常全面。PPT 型和 PDF 型專案計畫書製作出來，可方便投資人在電腦上閱讀，也可以透過投影片這種方式了解企業情況，這種形式可以生動活潑地突出專案計

畫書的內容，而且也容易讓投資人理解。

相信在將來，創業者還會創新專案計畫書的類型，以克服在為投資人呈現專案計畫書時存在的弊端，用完美的方式向投資人介紹企業。

● ● ● ─────────────────────────

專案計畫書都包含哪些要素

一份完美的專案計畫書是公司在經營上走上成功的階梯。如果公司需要外部的資金說明，就必須為投資人提供一份吸引目光的專案計畫書。這樣，投資人才能對公司的專案感興趣，產生合作意向。要想寫出完美的專案計畫書，就應該知道專案計畫書包含哪些要素，然後在此基礎上錦上添花。

專案計畫書包含的要素如圖 1-9 所示。

1-9 專案計畫書包含要素

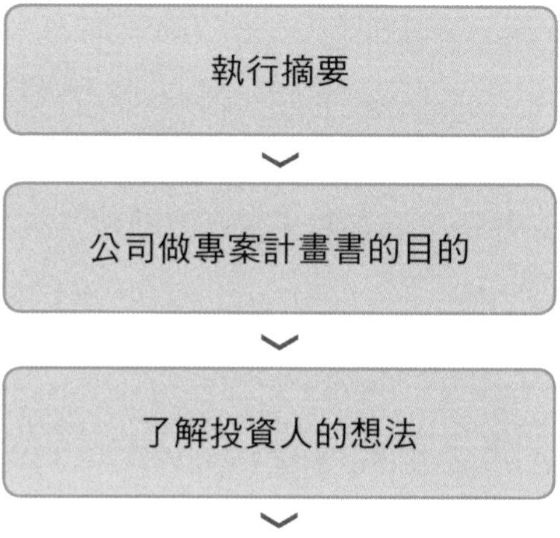

執行摘要

公司做專案計畫書的目的

了解投資人的想法

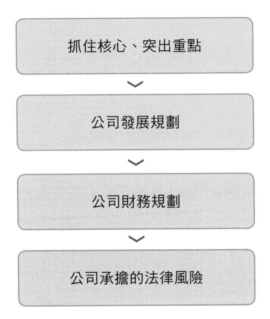

公司想要寫出一份完美的專案計畫書，首先應該提供執行摘要。執行摘要主要介紹整個專案計畫書、公司歷史、公司現狀，這一內容濃縮專案計畫書之精華，是整個專案計畫書的核心。除此之外，公司還要明白製作專案計畫書的目的，知道目前公司是處於運營期間，還是真打算招商引資，抑或正在從事國際商務。無論公司正處於哪個階段，要想正常運營、獲得利潤，制訂一個長遠的計畫都是非常關鍵的。

如果公司正在運營時期，專案計畫書就達到指導性的作用，但如果想要發揮它的價值，就要適時地、不斷地更新。公司

需要資金的幫助時，就需要向投資人提供專案計畫書，創業者還要保證能在專案計畫書中加活頁，這樣就可以在適當的時候增加如公司目前的財務報表、最新價目表、近期的市場調查報告等。如果公司要招商引資，那麼專案計畫書就更必不可少了。這時，專案計畫書中要說明公司目前的情況和未來的發展。如果創業者是新手，不能提供經營的歷史記錄，就要在專案計畫書中增加自己所經營公司的信用記錄和財務報告，以獲得投資人的信任。如果創業者從事國際商務，專案計畫書就可以作為標準，讓投資人衡量創業者的經營模式是否具備競爭力，同時，也能讓投資人看到創業者的潛力。

《孫子・謀功篇》強調：「知己知彼，百戰不殆。」公司務必了解投資人內心的真實想法，知道他們想要從專案計畫書中得知哪些資訊（這也是專案計畫書的基本要素）。

一般而言，投資人想要從專案計畫書中了解哪些資訊呢？大致有以下幾點，如圖 1-10 所示。

1-10 投資人要了解的專案計畫書資訊

信用記錄

創業者提供個人信用記錄，
以向投資人證明自己是好的借款對象

企業以什麼作抵押

載明企業資產，投資人可能會讓創業者以房屋、定期存款單
或其他投資作抵押，以消除投資的風險

還款計畫

讓投資人相信公司有能力實現他們的目標

產品或服務能夠得到消費者青睞

公司提供有力證據，
以證明產品或服務能受到目標市場歡迎

是否享有獨特產權

這是公司在市場中的立足之本

是否有一支實力堅強的管理團隊

描述公司主要團隊成員

預測的真實可靠性

公司預測的統計資料和行業資訊要與實際情況相符

行銷計畫可操作性的強度

制訂的行銷計畫得到消費者的青睞，
相對應也就得到投資人的賞識投資與退出策略

募資與退出策略

企業需要的風險投資、出讓的股份、資金使用計畫，
投資人獲得的回報及退出策略

案例

一家內衣生產廠商想要透過實體店的運營方式將內衣銷售出去，但卻因手頭沒有資金而苦惱。該廠商幾經思考，決定透過募資來實現。有一家公司對他們生產的內衣很感興趣，

也有投資的意向，但要求廠商提交一份專案計畫書。

於是，內衣生產廠商將原來的專案計畫書結合目前的實際情況進行修改，提交給公司。

對方看過專案計畫書後非常滿意，尤其是對計畫書中的行銷計畫非常滿意。

專案計畫書的行銷計畫確定將實體店開在當地繁華和人流量密集的地方，因為這裡來來往往的年輕人較多，是消費主要人群，再加上這款內衣已經開始受大眾喜歡，大部分人都知道這一款內衣。

投資人考慮到生產廠商所講到的這個地方附近都沒有內衣店，不存在競爭壓力，於是決定和內衣生產廠商進行進一步洽談。

創業者在寫專案計畫書時用語要精練，但涉及的內容要廣泛，需要抓住核心內容，突出重點，讓投資人一目了然。

創業者寫專案計畫書要集中注意力，抓住重點。專案計畫書的標題要新穎，每一段的開頭要點明主要內容。要列出在寫作過程中需要的證明檔案，並提前預備資料，最後將資料匯總。

公司的專案計畫書反映目前的財務狀況，投資人可以依據

這些資料來判斷公司未來的經營狀況，估算未來的財務收入狀況，判斷自己能否在預期期限內收穫好的成果。專案計畫書中的財務規劃應按照正確的條理制訂，寫正文時要以收入和支出為依據；將財務預期目標列在一張紙上，將數字寫入財務報告，將必要的解釋附加在財務報告裡。公司應該明白，專案計畫書中對計畫的闡述和財務報告裡的數字表達具有一定的關聯，以保證整個專案計畫書的完整性。

專案計畫書中關於公司應承擔的法律風險，是指公司方案實施的過程中，應該如何規避相對應的法律風險。由此，在專案計畫書中應該提出有效的風險控制和防範措施。

以上就是專案計畫書的基本要素。要想寫出一份完美的專案計畫書，這幾個要素缺一不可。同時，公司還應該知道，受經濟環境與地域的影響，專案計畫書需要不斷地調整與完善。總之，一份詳盡、最新的專案計畫書，能為公司在募資的道路上貢獻一臂之力。

● ● ●

製作專案計畫書前需要了解哪些知識

企業寫專案計畫書之前必須做好充足的準備，了解目前需要具備的知識，以保證向投資人提交一份條理清晰、內容全面、通俗易懂的專案計畫書。企業製作專案計畫書不能盲目，有的創業者在製作專案計畫書之前存在這樣的誤區：覺得製作專案計畫書之前只需要找好所需資料，進行市場研究調查，了解投資人的心理，然後進行資料整合就大功告成了。其實，創業者製作專案計畫書需要了解的東西有很多。

如圖 1-11 所示，企業製作專案計畫書之前要了解相關知識，要有個清晰的思路，知道先了解哪些知識，再了解哪些知識，這樣才能寫出一份投資人看得懂的、完美的專案計畫書。接下來我們來了解製作專案計畫書需要具備的知識。

創業者在製作專案計畫書之前先要區別創業機會，以明晰這一創業機會是否有市場價值，而且，這也是投資人想要知道的。創業者做好創業機會的審查鑑別優劣，就能做出一份有價值的專案計畫書，不會做白功。

1-11 專案計畫書製作的相關知識

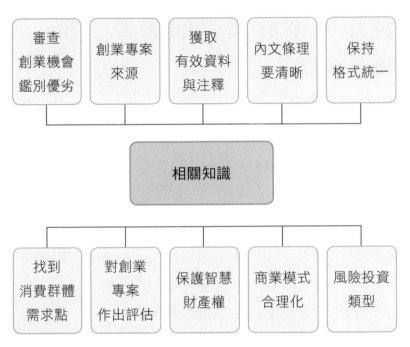

創業者如何運用清晰的思路區別創業機會呢？具體操作方法如圖 1-12 所示。

創業者抓住創業機會，接下來就要對創業方案進行深入的了解，只有對創業專案有了深度了解並清晰地做出規劃，才能有力地去說服投資人，讓投資人看到企業的未來充滿希望，對企業方案充滿信心。

1-12 區別創業機會

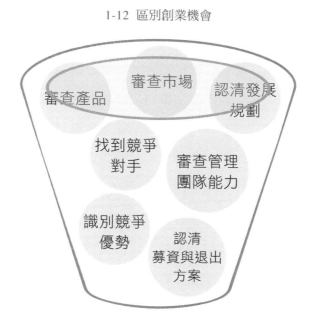

　　創業專案一般都來自於已註冊或即將註冊的實體公司的主營產品和服務。投資人很關注創業者參與的或者經專家或企業授權的發明創造、專利技術和創意想法。創業專案來源於擁有成熟理念，並在一段時間內會投入使用的產品與服務。創業方案還來源於產學共同創新方案、「網際網路＋」新技術專案和電子商務平台專案等。創業者知道創業專案的來源，不僅自己了解專案，還可以在專案計畫書中對投資人做出更好的解釋。

　　企業製作專案計畫書之前，非常關鍵的一個步驟就是獲得真實、準確和有據可循的資料，這樣可以讓自己和投資人做出正確的預測和評估。製作專案計畫書之前需要的輔助資料包括工作報告、年鑑、網際網路最新資訊、文獻資料、實地研究調查訪談和諮詢公司報告等。如果專案計畫書中要用到這些資料的關鍵資料，創業者最好要在上面標明出處，這樣可以讓專案計畫書更有說服力。

　　企業製作專案計畫書之前，非常關鍵的一個步驟就是獲得真實、準確和有據可循的資料，這樣可以讓自己和投資人做出正確的預測和評估。製作專案計畫書之前需要的輔助資料包括工作報告、年鑑、網際網路最新資訊、文獻資料、實地研究調查訪談和諮詢公司報告等。如果專案計畫書中要用到這些資料的關鍵資料，創業者最好要在上面標明出處，這樣可以讓專案計畫書更有說服力。

　　創業者製作專案計畫書之前要有個清晰的條理，讓投資人一目了然，這樣才能說服投資人。創業者要提前組織和製作草圖，以方便風險投資人讀懂專案計畫書，如圖 1-13 所示。

1-13 專案計畫書製作草圖

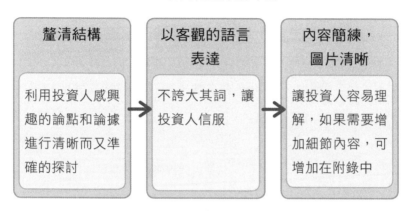

一般情況下，專案計畫書是由一個團隊合作共同來完成的，每個人都有自己的編寫風格，但專案計畫書在編寫的時候各個編寫人要進行協商，為保持上下文格式和寫作風格的統一，最後需要負責人進行定稿前的審讀和編輯。

除此之外，創業者在製作專案計畫書之前，還需要了解產品與服務能否滿足客戶需求。每位消費者都希望花錢買到心儀的商品或享受到滿意的服務，所以，創業者應該提升產品與服務的價值，儘量做到讓所有人滿意。同時，創業人還要評估創業專案的可行性，以獲得可觀的利潤。創業者在與投資人溝通產品與服務的可行性時，需要注意的是保護好公司的智慧財產權，可以採取申請專利、委託律師和託管人的方

式，或者儘快實施商業計畫，抓緊時間，速戰速決。

　　公司商業模式也是創業者在製作專案計畫書時需要了解的。商業模式既要表現公司為顧客創造的價值，又要兼顧公司獲得的收益。所以，公司創業者就需要了解商業模式的構成和分類，如圖 1-14 ~ 圖 1-15 所示。

1-14 商業模式構成

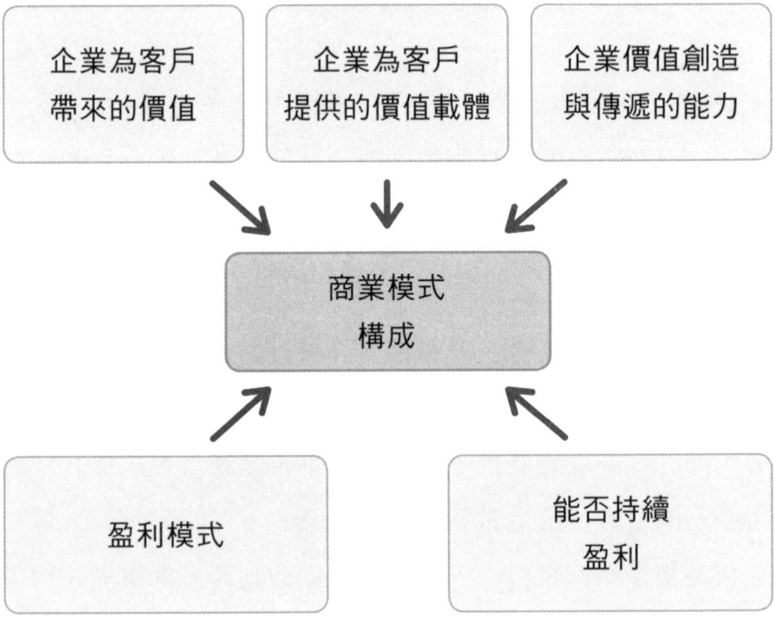

1-15 商業模式分類

```
┌─────────────────────────┐
│   直接為客戶提供價值，    │
│        獲得回報          │
└─────────────────────────┘
            │
    ┌───────────────┐
    │  商業模式分類  │
    └───────────────┘
      │           │
┌──────────────┐ ┌──────────────────┐
│ 搭建平台，吸引 │ │ 透過有效途徑累積   │
│ 其他應用和服務 │ │ 客戶資源，然後為客戶 │
│ 加入平台以獲取回報│ │ 提供延伸價值獲取回報 │
└──────────────┘ └──────────────────┘
```

⊙ 案例

Mark 是位大學生，一直以來，他對軟體發展頗感興趣。在校期間他研發一款軟體。這款軟體的主要功能是可以透過眾商家入駐賺取收益。

Mark 想到，現代人都喜歡方便快捷的支付方式，如消費者去餐廳，希望能在網路平台提前選好想要吃的東西，提前付錢及餐廳訂位；還有的人多才多藝，但又不願意風裡來、雨

裡去在外面辛苦，他們希望透過在網路平台展現才藝，獲得高的關注度，獲得收益……

Mark 透過上網查詢，之後又透過向專業人士請益，製作一份專案計畫書。經過一番宣傳，開始有地圖導航商家位置和餐廳入駐 Mark 開發的軟體平台。雙方獲得收益後，Mark 想要讓平台擴大規模，全面發展，便將專案計畫書進行修改與調整。慢慢地，同縣市的一些商家也開始入駐他開發的軟體平台。

創業者製作專案計畫書之前還需要了解關於風險投資的類型，再結合自己的實際情況判斷能獲得的啟動方案的資金，估測自己和投資人獲得的收益。在創業公司專案運作的過程中，一般情況下，風險資本基本會運用其中，而風險資本又在專案運作的不同階段有著不同的作用，以達到最終的目的——獲得收益。

專案計畫書的撰寫流程

企業撰寫專案計畫書的主要目的是獲得投資，那麼這時候的專案計畫書主要提交的對象就是投資者（投資人）。撰寫專案計畫書的流程複雜，這就需要創業者在複雜的撰寫過程中有個清晰的流程。

一般情況下，專案計畫書的撰寫流程如圖 1-16 所示。

1-16 專案計畫書撰寫流程

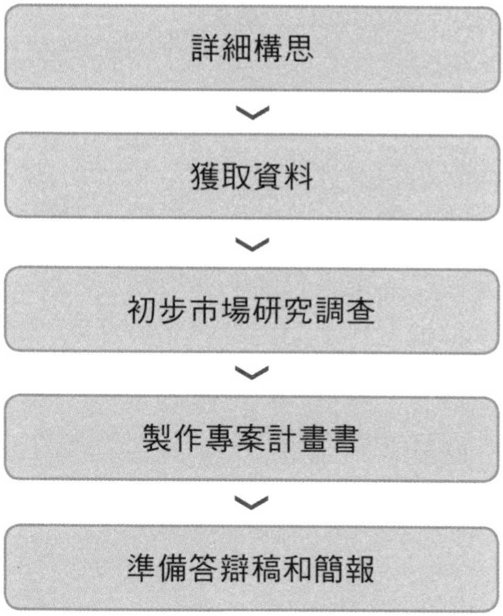

詳細構思
∨
獲取資料
∨
初步市場研究調查
∨
製作專案計畫書
∨
準備答辯稿和簡報

創業者獲得新的創業機會或有新的想法，首先要進行認真構思。在此期間，創業者應該找相關領域專家或相同志向的人商量創業機會的可行性。如果可行，就應該對此進行研究，並作詳細構思。創業者在進行創業構思的過程中，首先應該明確創業專案的商業模式以及發展規劃；其次商討創業過程中的發展戰略，並先在字面上做好規劃記錄；最後根據創業專案的特點確定專案計畫書的整體思路。

撰寫專案計畫書還需要獲取很多資料，對創業專案進行市場初步研究調查的時候需要有資料，如文獻和年鑒等。撰寫專案計畫書還需要公司體質狀況，以及財務報表、調查資料、預測資料、專案描述和市場行銷等等。創業者擁有全面的資料，才能撰寫出完整的專案計畫書。

創業者進行市場初步調查，能了解到行業的市場結構和技術水準等，了解創業方案在市場的發展前景。創業者進行市場初步研究調查，還可以了解客戶群體，找到創業專案的價值所在。與此同時，創業者還能從市場初步研究調查中了解競爭對手，了解競爭對手的產品特點與性能，以及競爭者的競爭方式。最後，透過市場初步研究調查，做出一份調查報告附於專案計畫書裡。

⊙ 案例

Ricky 經營一家咖啡店。這家店位於人口密集的地方，每天來店裡喝咖啡的人絡繹不絕。這家咖啡店附近有商場，人們在商場裡逛累了的時候，都會來店裡休息一會兒，點一杯咖啡，除去疲勞。

Ricky 一向都熱衷於經營咖啡，最近一段時間，他又突發奇想，想要在另一個區域開一家咖啡分店。

想要擴大規模，就需要募資。Ricky 有個朋友恰好是投資人，對 Ricky 擴大咖啡店的規模很感興趣，於是讓 Ricky 製作一份詳細的專案計畫書。

Ricky 其實早已考察過即將開店的這個區域，他想要將自己的咖啡分店開在一個繁華的、人流多的地方（位置已經選好了）。Ricky 還對周圍環境進行考察，在他所選位置 1 公里之內沒有咖啡店。

Ricky 很用心地和自己的團隊製作專案計畫書，依據市場調查，做了一份報告附在專案計畫書中。

朋友看了 Ricky 的專案計畫書後非常滿意，最終決定為咖啡店投資。

萬事俱備，只欠東風，接下來就是工作最重要的任務 ——製作專案計畫書。

製作專案計畫書一般分為以下幾個步驟，如圖 1-17 所示。

1-17 專案計畫書製作步驟

計畫摘要
· 完善、統一地介紹專案計畫書內容，讓投資人眼睛一亮

規劃公司發展戰略
· 介紹公司歷史、起源等；
· 重點說明公司未來發展目標

分析市場和競爭對手
· 需要借助之前研究調查資料，描述目前市場和未來市場；
· 獲取競爭對手各方面資訊，讓自己有能力立足於市場

行銷策略
· 介紹創業專案，表現其獨特性，利用創業專案的優勢提出運營策略和應對措施

管理團隊

· 介紹公司主要團隊成員，詳細說明人員分工

財務計畫

· 介紹公司實際財務狀況、預期收入、資產負債表等內容，同時要考慮到各種可能性

附錄

· 附上管理人員的履歷表、財務報表、組織結構圖和其他資料等

目錄和封面

· 目錄清晰，保證投資人能找到他們想要的內容；
· 封面要專業、美觀

　　創業者不要認為製作出一份完美的專案計畫書，接下來就可以高枕無憂了，還需要進行最後一步：完成一份需要 10 分鐘的答辯稿和簡報，以便與投資人溝通的時候進一步推薦自己的創業方案。答辯稿和簡報要簡明扼要，內容要通俗易懂，突出專案計畫書的重點，以引起投資人的興趣，進而獲得投資。

2

撰寫原則：

從投資人的角度出發

專案計畫書的主要目的就是讓投資人了解企業、認識企業，並決定為企業投資。投資人每天不知道要看多少份專案計畫書，所以，當企業將專案計畫書提交到投資人手中時，一定要讓投資人看到心儀而又通俗易懂的內容，否則專案計畫書就會成為廢紙，毫無用處。

撰寫專案計畫書要學會換位思考

創業者在剛開始撰寫專案計畫書時，容易陷入一些誤區，就是創業者根據自己的思路整理出獨有的語言進行闡述，但如果有技術人員或研發者參與，他們往往會使用大量專業術語。試問，這樣的方式製作出的專案計畫書，投資人能理解嗎？

創業團隊在寫專案計畫書時存在的誤區如圖 2-1 所示。

2-1　撰寫專案計畫書存在的誤區

目錄和封面	對市場的介紹	對募資的介紹
用專業名詞大篇幅介紹產品生產的功用和工藝	簡單地列舉出幾個場景和如何立足於市場	點出主題，說自己需要多少錢，給投資人分出的股份

創業者製作專案計畫書，在產品介紹方面，應該換位思考，投資人想要了解的是產品的功能特點，因此在計畫書裡要說

明怎樣去解決顧客消費時遇到的難題；在市場方面，投資人最想知道的是創業者設計的市場方案的特色和系統性，所以，創業者在編寫專案計畫書時應該重點闡述好這一問題；在募資方面，投資人想知道該怎麼估值、創業者所需資金、資金的流向、最終能獲得多少收益，因此創業者也要注意寫好這幾部分的內容。

創業者撰寫專案計畫書，除了要了解這些誤區外，還要掌握專案計畫書中的撰寫邏輯和思路，以利投資人理解計畫書內容。

⊙ 案例

一位投資人想要為一個創業公司投資，首先，他先讓創業者準備一份專案計畫書。創業者撰寫完專案計畫書，在提交的那一刻，投資人要求創業者利用 2 分鐘的時間介紹產品製作的原理和功能。創業者卻說：「2 分鐘說不明白，我需要 15 分鐘。」接著，創業者開始介紹起來。他說得很認真、很詳細，運用各種專業術語闡述產品複雜深奧的問題，但從投資人的臉上卻看到了「不滿意」3 個字。

造成這樣結局的原因很簡單，投資人完全不明白創業者在說什麼。難怪當創業者講到一半的時候，投資人藉口自己很

忙，離開了。

正因為創業者不了解投資人的真實想法，最後造成雙方無法溝通，創業者失去獲得投資的機會。

創業者撰寫專案計畫書時，一定要站在投資人的角度去思考問題，要清楚投資人究竟想要在專案計畫書中看到什麼內容。創業者撰寫專案計畫書，先要明白投資人的喜好和真實需求，在撰寫專案計畫書的過程中，要把握好邏輯、語言和內容，知道怎麼寫才能讓投資人理解、接受，進而達成投資。如圖 2-2 所示為一些投資人關注的計畫書重點。

2-2 投資人關注的要點

創業者能不能賺到錢

投資人想要知道，創業者會用什麼方法獲取收益

團隊是否有充足的經驗

創業專案團隊的能力強大，經驗豐富，
是投資人判斷一個創業企業標準

創業企業是否有發展的潛力

創業者要在專案計畫書中優先考慮增值問題

創業專案團隊撰寫專案計畫書時，首先應該知道投資人為什麼要看創業者的專案計畫書。

創業者撰寫專案計畫書時不要盲目，先要清楚裡面該有哪內容，不該有哪些內容。換句話說，創業者應該明白投資人想要從專案計畫書中看到什麼。一般情況下，投資人想要從專案計畫書中看到如圖 2-3 所示內容。

2-3 投資人想要從專案計畫書中看到的內容

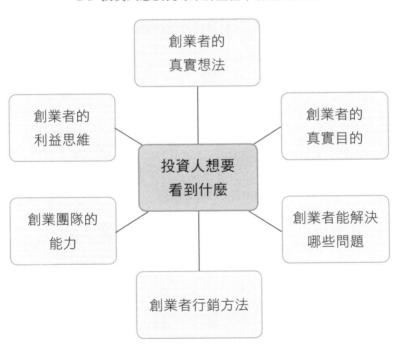

除此之外，創業者還要明白投資人為什麼需要專案計畫書。透過一份完美的專案計畫書，投資人能明白創業者的思路，看清創業企業的發展方向，以確立自己的募資目標。

綜上所述，創業者撰寫專案計畫書時，一定要從投資人的角度去思考問題。投資人先要保證看到創業者有正確的發展方向和目標，有可靠的管理團隊，有好的行銷策略，並保證看到企業有清晰的財務實踐和規劃。創業者的專案計畫書完成之後，有必要找一位非專業人士讀一遍，目的是將難以理解的內容進行修改，使得專案計畫書更加通俗易懂。

專案計畫書的內容要掌握要點

一些創業者在撰寫專案計畫書時會陷入迷茫，他們知道專案計畫書的基本格式，也知道在每個部分該寫哪些內容，但卻不知道如何突出重點；還有的創業者撰寫的專案計畫書內容非常完整，但交到投資人手裡，對方卻表示看不懂。凡此種種，都是因為專案計畫書的內容沒有個別化掌握要點，重點不突出。應該依據投資人關注的問題來撰寫。

投資人想要對創業公司有大致的了解，他們首先要看的就是專案計畫書中的摘要。創業者應該明白，只有專案計畫書的摘要符合投資人的心意，投資人才可能對創業計畫感興趣。

專案計畫書的摘要是整個計畫書的精華所在，表現整個計畫書的核心。因此，創業者想要讓投資人對自己的創業計畫產生興趣，摘要就要符合以上三個條件，如圖 2-4 所示。

2-4 專案計畫書摘要

- ‧合理的經營理念
- ‧科學和充分的經營計畫
- ‧較強的團隊力量
- ‧證明創業專案是進入市場的最佳時機
- ‧合理的財務分析
- ‧讓投資人的投資有保障

- ‧一般安排 1～2 頁內容說明
- ‧不重複囉嗦，突出重點
- ‧給出計畫的核心，做到前後呼應
- ‧生動有趣，吸引投資人的注意力

- ‧用一句話說明創業理念
- ‧用一句話說明消費者需求
- ‧用一句話介紹產品服務
- ‧用一句話說明如何盈利
- ‧用一句話介紹競爭對手團隊特點、投資人所獲收益等

投資人看過摘要，對創業者的創業計畫產生興趣，接下來才會繼續閱讀專案計畫書，以求進一步的了解。這就需要創業者撰寫的專案計畫書後面內容掌握要點。具體撰寫重點如

圖 2-5 所示。

2-5 專案計畫書的撰寫重點

突出創業者市場能力，不可一昧地概括市場總況

突出團隊合作能力，不要自誇

突出未來增長潛力，不可一昧地顯示淨資產

突出研發能力，不單描述技術詳情

　　投資人為什麼想要在專案計畫書中看到創業者的市場能力？因為一個企業自身的能力強，就證明它可以遊刃有餘地馳騁於市場。不然的話，創業者就不會立足於市場，不管市場的規模有多大。所以，創業者的行銷能力是證明自身在市場地位的依據，這個必須要在專案計畫書中有所表現。

毋庸置疑，創始人於企業發揮重大的作用，但要使公司發展得更好，團隊力量是關鍵因素。要知道，一個企業，只有依靠眾人的力量，各個精英的相互合作，才能得到好的發展。企業員工相互合作，可以形成知識互補的局面，特別是新人，可以跟有豐富經驗的老員工學習。

⊙ 案例

一家網路公司的創始人自認為自己經營的公司如日方升，一帆風順。近期，他在網上找到一家投資公司。

投資公司的負責人要求這家網路公司的創始人給他們投遞一份專案計畫書。網路公司創始人撰寫的專案計畫書內容詳細，重點突出，但卻忽略了一點，就是找專業人士為這份專案計畫書把關。

他在介紹公司內部情況時，大篇幅地強調自己的能力是多麼多麼地強，只是大致地提一下公司團隊力量達到的作用。

當這位創業者將專案計畫書交到投資人的手中時，投資人對網路公司其他方面內容都比較滿意，唯獨對這位創業者表現出來的自高自大作風很不滿意，以至於他們認為這家網路公司不可能有突破的發展前景。

於是，投資人不等看完專案計畫書後半部分的內容，就毅然拒絕為這家網路公司投資。

對於一家技術型和產品型的公司，在專案計畫書中強加研究調查研發能力是非常重要的。對於產品內容，創業者只需要在專案計畫書中說明產品名稱、用途、技術領先程度和用戶類別等即可。創業者最好不要描述產品技術詳情，因為投資人不一定能看得懂這方面的內容，而且這也不是投資人關注的問題，最關鍵的是，這樣容易導致企業技術機密外洩，引來不必要的麻煩（圖 2-6）。

2-6　創業者需要掌握的資訊

創業專案的基本性質

創業專案發展所處階段

清楚專案計畫書的基本格式

創業者須知

了解投資人對專案的要求

了解投資人對專案評選流程

　　創業者還應該突出強調企業未來增長潛力和淨資產這兩個方面，因為投資人更關注企業未來的增長潛力。這部分內容可以方便投資人直覺地估算出企業的盈利情況，進而預測自己的盈利。這種方法較為直覺，在一定程度上節省投資人分析盈利情況的時間。

　　除此之外，創業者還應該針對以如圖 2-6 所示的幾方面撰寫專案計畫書，以保證交出一份令投資人滿意的專案計畫書。

　　創業者有掌握要點寫出專案計畫書，不僅符合潛在投資人的心意，讓他們客觀分析企業未來的發展，進而達成募資，還可以提升企業價值，增強企業團隊的凝聚力，讓企業在未來的發展中創造更大的進步空間。

專案計畫書
要將自己的優勢寫出來

　　創業者應該透過專案計畫書讓投資人看到自身的優勢。很多創業者已經釐清撰寫專案計畫書的思路，但卻不知道該如何具體表達內容。也就是說，他們不知道該如何在專案計畫書中表現出企業的優勢來。要知道，一份內容平淡無奇的專案計畫書並不能吸引到投資人的注意力。創業者要想獲得投資人的「賞識」，就一定要將自身存在的優勢在商業計畫中表述出來。

　　創業者在專案計畫書中介紹企業時一定要到位，讓投資人清晰地了解企業。創業者要知道，投資人在這部分的內容中想要知道以下的具體資訊（圖 2-7）。

2-7　投資人想了解的企業資訊

公司名稱	公司地址	創業者及合夥人	控股結構
企業主要業務	企業員工情況	財務狀況	企業未來發展目標

創業者撰寫專案計畫書時，要讓投資人知道自己有完善的企業管理機制。這時候，創業者為了突出這一點，要讓投資人在專案計畫書中看到企業管理相關的資訊，如圖 2-8 所示。

2-8 企業管理相關資訊

高層簡介	高層分工	管理體系
詳細介紹高層管理人員背景	介紹高層團隊在企業負責的工作	介紹募資後即將設立的機構、配備人員

激勵措施	保密措施
介紹對管理者的激勵機制和獎勵措施	介紹創業專案技術保密和智慧財產權保護措施

創業者在專案計畫書中還應該為投資人介紹市場潛力。市場情況好，創業專案才有發展的空間。創業者分析市場潛力應從以下幾個方面來分析。

第一、分析行業趨勢。這是投資人最關注的問題之一。內容包括在未來幾年，什麼行業有前途、發展快速，創業者的

創業方案可以跟得上市場發展的步調。

　　第二、分析市場。創業者應該在專案計畫書中表現市場規模、位置、性質、特點等，並整理資料，同時還要對資料進行分析。這樣，投資人就能夠對企業的經營戰略、市場需求和公司效益作出初步判斷。

　　第三、分析競爭。創業者對競爭對手應有深入的了解，分析競爭對手對企業存在的威脅係數。相對來說，競爭對手對企業存在的威脅係數越小，越有希望獲得投資人的投資。

　　創業者還應該在專案計畫書中表現創業專案，也就是產品或服務的獨特之處。一個企業，僅僅擁有能力較強的管理團隊還不夠，還要告訴投資人你有獨具風格的產品或服務。具體如圖 2-9 所示。

2-9 創業專案的撰寫內容

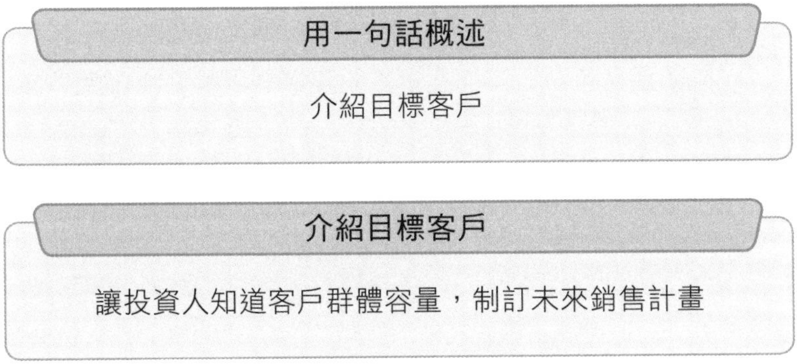

用一句話概述

介紹目標客戶

介紹目標客戶

讓投資人知道客戶群體容量，制訂未來銷售計畫

客戶購買產品的理由

讓投資人看到產品能解決顧客的什麼需求，
這樣才能獲得顧客支持

介紹產品目前三大使用者類型

投資人能夠知道創業者對消費者的了解程度，
判斷企業獲取的利益

介紹目前產品發展進度

產品的經營程度越成熟，
投資人就越有可能為企業投入資金，讓產品正常運作

產品擁有版權、專利和配方

現今這個專利時代，獨家技術能讓企業有好的發展

與其他同類產品進行比較

突顯產品優勢，增加投資人對產品的了解與認可度

列出未來 5 年內估測的銷售收入

產品發展到成熟期，
預測銷售收入可以讓投資人看到產品的升值空間

創業者還應該在專案計畫書中表現創業專案的研發能力和銷售計畫所占的優勢。作為一家正在創業的企業，就應該有出色的研發能力和好的銷售計畫，表現在專案計畫書中。這樣，投資人才能了解創業企業的優勢所在。

創業者應該在專案計畫書中介紹產品出色的功能、先進的研發成果、未來研發計畫，同時，創業者還應該告訴投資人，你的企業具有穩定的有經驗的研發人員。除此之外，創業者還應該在專案計畫書中對產品做出合理的定價。這就需要創業者制訂合理的行銷計畫，提高產品的銷售量，讓投資人看到你在銷售與商業競爭中的實力。

⌄ 案例

Leo 的公司主要以研究晶片為主，目前公司研究出來的晶片銷售方式是零售。之前，晶片早已申請過專利，是獨有的，但卻沒有好的行銷方式，所以，生意一直沒起色。最近一段時間，Leo 想要擴大經營模式，於是，他托朋友為自己尋找合作夥伴，讓朋友為他介紹投資公司，以啟動自己的方案。

過了一段時間，朋友為他找了一家有意為晶片投資的公司。這家公司的副總裁和 Leo 見過一次面，對方要求 Leo 撰寫一份專案計畫書給他看。

Leo 在短時間內完成專案計畫書。公司副總裁看了之後，覺得在這份專案計畫書中根本找不到自己想要的內容：他最想要看到的是企業研發晶片員工的資料。

副總裁問 Leo 這部分的資料為什麼沒有寫，Leo 回答道：「之前的員工因為不滿工資待遇，離開了。不過，公司又新來幾個具備專業知識的員工，還來不及把資料附上。」這位副總裁聽到這裡，當時就對 Leo 公司內部機制產生懷疑。他認為 Leo 的公司對員工的獎勵機制存在問題，而且他從專案計畫書中什麼都看不到。

於是，這位副總裁說還要回去討論，之後再沒聯繫過 Leo。

投資人最關心的就是自己的付出能不能得到回報，所以，創業者在專案計畫書中還應該呈現好的財務狀況。要知道，投資人也希望能從一個創業企業的財務報表中看到盈利情況。創業者可以從以下幾個方面表現企業財務優勢（圖 2-10）。

2-10　企業財務狀況內容

透過表格的形式顯示公司以前的財務狀況	預測未來幾年的財務狀況	財務預測資料要有憑有據
	介紹與創業專案相關的稅務情況	說明企業盈利的依據

不管是創業者還是投資人都明白一個道理——創業必定存在風險，因此，創業者有必要在專案計畫書中告訴投資人企業在未來發展中可能存在的風險。

創業者要在專案計畫書中預測風險，同時還要分析創業風險，給出控制風險的措施，說明最後能夠達到什麼樣的目標。

專案計畫書是獲得投資的輔助工具，因此，創業者還有必要在專案計畫書中制訂募資計畫。只有讓投資人看到一份合

理的募資計畫，他才會考慮投資問題。這時，創業者應該在專案計畫書中說明投資的目的、投資制度、股權價格、投資人的權利等。只有讓投資人知道資金的去向，才有希望獲得對方的投資。

最後，創業者要在專案計畫書中說明退出策略。要知道，投資人既然想到投入資金，必定就想知道退出的方式、方法，所以，創業者必須在專案計畫書中講明退出機制與回報。

創業者要在專案計畫書中說明退出時間、退出方式和投資所獲得的回報。如果是企業上市，就需要較長的一段時間；如果是再一次募資，時間就會較短。退出的方式還有很多種，企業創業者應該根據企業的實際情況向投資人講明，讓投資人做到心中有數。

讓投資人看到你的專案計畫書

創業者撰寫好專案計畫書，接下來的一步就是將專案計畫書提交給投資人。這時候，創業者需要了解如何去遞交這份專案計畫書，這是很關鍵的問題，因為這直接關係到能否獲得投資。這裡，創業者還要知道，並不是把專案計畫書提交到投資人的手中就成功了，最關鍵的是得讓投資人認真看這份專案計畫書。

創業者經由正確的路徑遞交專案計畫書給投資人，就有可能獲得投資。如果創業者遞交的方法不正確，那很有可能就會跟機會擦肩而過，導致之前所做的工作功虧一簣。

創業者將已經完成的專案計畫書遞交給了投資人，卻遲遲得不到回應，原因可能有以下幾種，如圖 2-11 所示。

2-11　專案計畫書得不到回應的原因

內容太囉嗦	文件太大
投資人在前幾分鐘看不到有效資訊，就會選擇放棄	投資人沒有耐心去下載太大的檔案
沒有做簡報和文件檔案	無人脈，盲目投遞
投資者認為創業者沒有認真對待這件事	投資人對創業企業一無所知

　　創業者撰寫專案計畫書的內容一定要簡潔、明瞭，讓投資人在短時間內看到計畫書所要表達的中心思想。創業者還應該知道，將專案計畫書發送到投資人的電子信箱，或以其他的方式去投遞。創業者應該製作一份在短時間內可以發送成功的檔案，檔案的內容要符合閱讀者的閱讀習慣，內容要循序漸進，讓閱讀者產生想要知道詳細內容的閱讀衝動。創業者希望專案企劃書獲得投資人高度認可，在平時就要打好基礎，積攢人脈；只有跟潛在的投資人關係熟了，在撰寫專案計畫書時才能得到對方更多、更好的建議。

　　導致投資人沒有去看專案計畫書的原因有很多種，創業企業要想得到投資人的青睞，撰寫專案計畫書的內容非常重要，投遞方式也很重要。創業者寫一份完美的專案計畫書，最終的結果就是讓投資人看到。所以，創業者在投遞專案計畫書的時候也是要講求方式，這樣之前的辛苦、努力才不會白費。那麼，創業者在投遞專案計畫書時應該講求哪些方式呢？如圖 2-12 所示。

2-12　如何提交商業計畫書

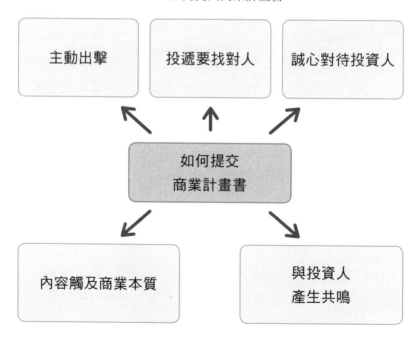

　　創業者應該明白，投資人馳騁商場多年，經驗豐富，他們在商業上都是非常理性的。這時，創業者在專案計畫書中要表現商業邏輯和行銷計畫的可行性，還有方案能夠獲得的最大利益空間。有時候，一則商業故事可以打動投資人，但故事中也不能脫離最關鍵的內容，這樣才能讓這份專案計畫書達到錦上添花的效果，否則專案計畫書即便交到投資人的手中，也會成為廢紙被扔進紙簍。

◉ 案例

　　Tony 的父親經營了一家小吃店。他家的店鋪在當地很有名氣，Tony 覺得他家的小吃在當地很受歡迎，如果在其他的地方開分店，一定也會得到消費者青睞。

　　因此，Tony 產生個想法，就是將父親的小吃店做大，做好。這個想法促使他開啟尋找投資人的道路。

　　經朋友的介紹，Tony 找到一位投資人，對方要求他提供一份專案計畫書。

　　Tony 首先在專案計畫書中介紹自己的企劃，講到企劃的可實施性，以及預期給投資人帶來的回報。接著，他又用通俗易懂的語言將商業模式、市場分析和行銷策略等進行表述，附帶幾則與之緊密相關的小故事。

Tony 的專案計畫書受到投資人的好評，他們經過內部協商，決定向小吃店投入資金。

創業者手中有好的創業方案，就要選擇合適的機會出擊，以獲得投資人的青睞。一旦創業方案獲得投資人的資金，就能在合適的時機進行市場運作。要知道，投資人每天的業務繁忙，他們的辦公桌上、電子信箱裡很可能有很多專案計畫書等著看。因此，創業者要抓住機會向投資人投遞專案計畫書。如果投資人看準某一個創業者的專案計畫書，就極有可能將錢投入創業者的方案。

創業者應該知道，專案計畫書遞交到投資人的手中，中間還要經過若干環節。

專案計畫書由投資經理人來接收、查看，然後再由他們進行篩選，篩選出來的投資計畫書交給總經理或董事長。因此，創業者要清楚，專案計畫書一定要符合投資經理人、總經理和董事長的心意。

創業者提交商業計畫書一定要表現真誠，切忌群組發送計畫書。群組發送的專案計畫書會讓投資人認為你不尊重他，會對你產生不好的印象。

創業者撰寫的專案計畫書要實事求是，不可誇大其詞，內

容要簡單明瞭，讓投資人迅速了解創業方案，進而進行估值。創業者為向投資人表現誠意，在專案計畫書中介紹自己的背景和創業團隊是非常關鍵的。這可以讓投資人看清楚你和你的團隊是否能擔重任。你的工作經驗和團隊所具備的能力寫得越清晰，就越能表現出你對這次創業的重視，對投資人的真誠。

專案計畫書交到投資人手裡，投資人會不會被這份專案計畫書吸引，或者說，他們會不會對這份專案計畫書中的創業方案產生好感，創業者應該做到心底有數。為了達到這一目的，這需要創業者和投資人產生共鳴。由創業者主動去獲取投資人的資訊，了解他們的近期動態和感興趣的領域。

為投資人講個好故事

一些創業者會走入誤區：只要創業專案富有創意，只要在創業計畫書裡有所表現，就一定可以獲得融資。實則他們漏掉一個關鍵，就是創業者要想獲得投資，還要透過有趣的故事來打動投資人。

創業者在為投資人講故事的時候，要注意，故事情節應具備以下幾個特點（圖 2-13）。

2-13 故事情節應具有的特點

電視或小說上的故事情節可以虛構，但是創業者切記商業故事絕對不可以虛構。商業虛構故事或許會引得投資人嘖嘖稱奇，但卻很難使他投資這一方案。同理，創業者為投資人講一個真實的商業故事，也不能只是單純地將故事內容毫無生趣地講出來，因為這樣會讓投資人覺得枯燥無味，以至於對專案失去興趣。

一個平淡的故事不可能吸引投資人的目光，創業者想要透過故事真正地打動投資，這則故事就必須是一則偉大的商業故事。最有說服力的商業故事是透過對比，突出好的一方面，如正義的一方最終戰勝反派。創業者面對投資人，可以把降低效率、浪費等比作是不好的一面，將創業機會中的行銷方式等比作好的一面，最終完美的結局是好的一面戰勝不好的一面，這麼做，也就預示創業者的創業機會能夠立足於市場。接下來，創業者為了讓好的一面在市場上一帆風順，就要估測出創業面臨的風險，並突出規避風險的方略、方針。為了讓故事更有說服力，創業者不妨為投資人講一個發生在自己身邊的真實故事，並說明自己的解決方式。這樣一來，投資人就會更加相信你的能力，相信你的實力。

⌄ 案例

這是創業者見的第三個投資人了，前兩個都沒有為他所創辦的企業投資。這位創業者總結前兩次失敗的教訓，決定在和第三個投資人見面時透過講故事的方式來打動對方。

這位創業者想要透過故事的方式講明今後創業存在的風險，以及他所做好的應對措施。他有一個很要好的朋友，於是，他將這件事告訴了朋友，朋友勸他不要說出來，因為一旦投資人知道投資存在風險，極有可能會知難而退，那創業者之前的努力就又白費了。

雖然這位創業者明白朋友說的不無道理，但他相信，投資人不但想要了解資金的去向，還想要知道資金存在的危險係數，更想要知道創業者是怎麼去規避風險的。創業者知道，一定要和投資人講清楚這件事，但讓他們明白這件事需要講求方法。於是，他想到透過講故事的方式，而且講的是自己身邊發生的真實故事。

當創業者見到投資人時，他講了自己在幾年前做的第一份工作——房地產的銷售顧問。他為購房者推薦房子的時候，從來不會誇房子是多麼好，相反地，他會告訴他們房子存在的缺點和可能存在的風險，接著，他給出應對方案，這樣一來反倒增加購房者的信任度。用這種方式銷售房屋，讓他在一年的時間裡被晉升為該公司的區域總監。

投資人在聽創業者講這個故事的時候連連點頭，看得出來，他們願意將手裡的資金投給這位創業者。

創業者面對投資人，給他們講故事的最終目的就是打動對方，為自己的方案獲得投資。但並不是說，只要保證故事情節具備以上幾個特點，就能打動投資人，還應該講求講故事的方式，既要生動有趣又要恰到好處。需要注意的要點如圖 2-14 所示。

2-14 講故事的要點

用通俗易懂的語言清楚地表述

創業者將投資人當作非專業人士，
將複雜的技術原理乾脆俐落、清清楚楚地表述出來

從投資人這裡獲得資訊

不要試圖說服投資人，也不要嘗試改變他們的想法，
應該想方設法從他們的言語中獲取有用資訊

告訴投資人現在是啟動專案的最好時機

創業者應該為投資人傳遞這一資訊，
讓創業專案順應市場，以免錯失良機

讓投資人循序漸進募資，給對方留下好印象

讓投資人先投入一部分資金，
利用這部分資金讓投資人看到投資希望

與投資企業中層的人搞好關係

如果他們看重創業專案，會極力推薦創業者公司，
以提升個人業績

無論成敗，都要與投資人保持良好關係

勝敗乃兵家常事，創業者即使被投資人拒絕了，
也要跟對方保持良好關係，提升自己的人際關係

　　創業者在尋求募資的道路上會遇到這樣或那樣的難題，而解決這些難題的目的就是獲得創業專案啟動資金，這些創業專案資金是從投資人那邊來的。投資者要想盡辦法說服投資人。完美的商業故事是說服投資人進行投資最好的工具。創業者想要講好一個完美而又完整的商業故事，在一開始就要吸引投資人，增加故事的可信度是重點，故事細節必不可少，最後，讓這則商業故事打動投資人，促使他們做出最終的投資決定。

3

公司團隊：

告訴投資人你們是最棒的

投資就是投人！你的團隊是決定投資人對公司的第一印象。團隊內容怎麼寫？公司的宗旨和目標，公司的組織結構，公司的高層背景，公司的股權劃分，把這些說明白，讓投資人判定你的公司能做什麼。

● ● ●

明確公司的宗旨和目標

公司或企業擁有產品與服務，想要在此基礎上透過獲得投資來擴大規模，就應該在專案計畫書中先向投資人介紹自己公司的基本情況。創業者需要明白投資人想要從你公司的基本情況中獲得哪些資訊。投資人為你的公司投入資金，必定想要知道自己是如何獲得回報的。如果創業者能在專案計畫書中表現本公司的宗旨和目標，就能讓投資人看到創業者公司具有使命感，值得信賴（圖3-1）。

3-1 公司宗旨和目標

公司宗旨——經營理念
用清晰而精煉的語言表明公司使命和指導方針

公司目標
公司使命和指導方針的具體化和數量化

　　公司宗旨作為一條主線，將公司的信念和想要達到的最終
目標連在一起。這樣，就可以引導公司員工團結在一起，擁
有良好的經營模式，最終獲得成功。公司宗旨的基本內容如
圖 3-2 所示。

3-2 公司宗旨的基本內容

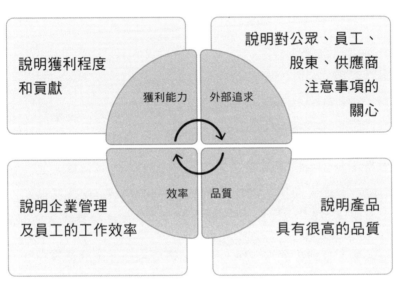

　　除此之外，公司宗旨的基本內容還包括企業氛圍、行為規
範等。每個公司都有自己的宗旨，但不管內容如何，必須用
最簡短的話表達核心的意思。創業者要明白，一個公司的成
敗與其提出的具有挑戰性的宗旨是緊密相連、密不可分的。

　　公司目標表現一個企業在預定時間內經營的方向和所要達到的成效。這裡所說的預定時間一般情況下較長，為 3 到 5 年的時間。企業想要實現理想中的目標，就需要借助外部環境。好的外部環境能對企業的發展起到激勵作用，但不管從什麼角度來劃分，企業目標都必須符合實際，不要喊空口號，讓投資人覺得是在畫大餅。

⊙ 案例

　　一家為消費者提供服務類產品的公司創業者在專案計畫書講到公司宗旨：「讓顧客舒心體驗，引領時尚。」同時，製作專案計畫書的團隊還指明公司在 3 年之內的目標。他們在專案計畫書中這樣寫道：「公司以很高的發展速度和高盈利，創造銷售額在 3 年內達到 1 億，並在今後繼續保持該水準。」

　　投資人看到這樣的內容，結合這家公司在專案計畫書中提供的各種資料和實際情況估算一下其未來 3 年的銷售額，最多也就在 2000 萬元左右。投資人就開始懷疑這家公司專案計畫書內容的真實性。投資人有了這種顧慮，於是就開始尋找另一家需要投資的公司來合作，之後，再沒有和這家公司聯繫過。

　　公司宗旨和目標並不是獨立存在的，二者之間存在著一定的聯繫與區別，都可以表示為公司發展的指導思想，由宗旨引導目標，由目標實現宗旨，二者之間的區別如圖 3-3 所示。

3-3　公司宗旨和目標的區別

時間	實施方案
·公司宗旨是公司經營的原則和夢想，是最終的目標 ·公司目標是中短期，循序漸進實現財務、市場或研發等目標	·公司宗旨是宏觀、相對靜態、不變的 ·公司目標是具體、可變化、可調整的

　　創業者在專案計畫書中表現公司的宗旨和目標的最終目的是讓投資人看到公司的發展前景，給投資人留下好的印象，同時，還能激勵本公司員工邁向前進的方向，擁有前進的動力。

● ● ● ─────

公司有清晰的組織結構

　　組織是管理的基本職能之一。依據組織結構公司可對工作任務進行分工、分組及協調合作。創業者在專案計畫書中列出清晰的組織結構，能夠讓投資人清晰地看到組織各部分的排列順序、空間位置、聚散狀態、聯繫方式，以及各要素之間的聯繫。不同的組織結構都以圖形的形式表現，能讓公司組織的參與者認清組織方向，努力實現組織目標。

　　組織工作是指為了實現組織目標，在工作的過程中，將公司員工從事的各項工作、活動進行劃分組合，同時，公司在一定的時間和空間範圍內將人力、財務、物資、資訊等資源進行合理配置。在此之前，公司還會對相關人士進行選聘、考評和培訓，經過合理配置的員工由各管理層監督他們的工作。公司組織結構是由管理人員來設計的，管理者進行這一工作之前，要從如圖 3-4 所示的 6 個因素來考慮。

3-4 組織的結構設計因素

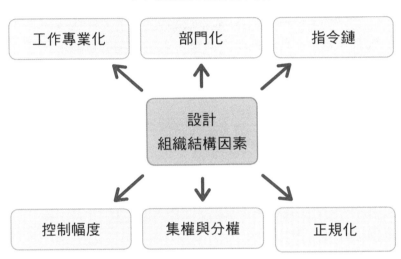

⊙ 案例

　　Lee 新開了一家公司，他所經營的公司在當地非常有名。他的員工生產的玩具速度快，品質又好，很多銷售商家都願意和他合作。

　　原來，Lee 公司的每一位員工的工作都是特定的，他們在上工之前都經過技術人員的認真培訓，如有人不能勝任目前的工作，相關責任人就會將該名員工調到別的產線。各產線員工技術熟練地重複做著各自的工作：有的人專門製作玩具的眼睛，有的人專門負責玩具的縫製……短短的時間內，一個玩具就生產出來了。

與當地其他玩具生產廠家相比較，Lee 是雇傭員工最少的一家，但也是生產效率最高的一家，因為 Lee 受到工作專業化的啟發，將生產玩具的步驟分解，再由單獨的個體來完成其中的一份工作，使得公司的生產效率遙遙領先。

公司組織管理能力的強弱直接關係到公司能否順利實現組織目標。創業公司應該根據公司的宗旨與戰略設計組織結構，以壯大公司實力，獲得投資人的青睞。公司管理者根據以上因素設計出的組織結構分為以下 4 個方面（圖 3-5）。

3-5 組織結構組成

職能結構

達到組織目標時需要的各項工作、比例以及關係

層次結構（縱向）

管理層次的構成及管理者的數量

部門結構（橫向）

各管理部門的構成

職權結構

各層次、部門在權力和責任方面的分工和相互關係

公司組織的性質不同，規模大小不一，發展階段也有差異，為此，公司組織結構的形式也多種多樣。目前，公司組織結構的形式有直線型、功能別、直線功能別、事業部制、矩陣制和多維立體型等。在這些組織結構形式中，公司一般為直線型、功能別、事業部制、矩陣制的混合型。接下來，我們具體認識一下各組織結構的形式。

直線型組織結構，這是一種傳統而又簡單的組織結構形式。其領導關係不設立專門的職能機構，按照垂直系統建立，從上到下如同直線（圖 3-6）。

3-6 直線型組織結構

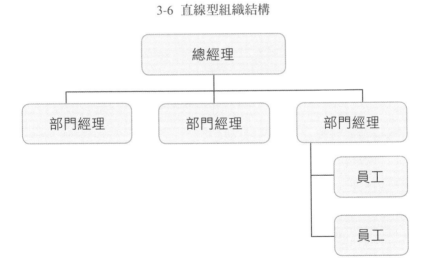

　　功能別組織結構，這是指按照功能別組織部門分工，從公司的高層到基層，每一層相同功能別的管理者和員工會進行組合，同時設立對應的管理部門及職務（圖3-7）。

3-7 功能別組織結構

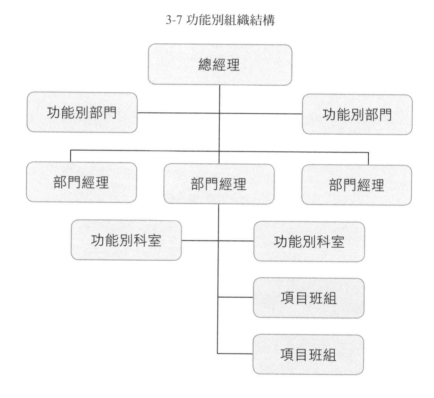

　　直線功能別組織結構，這是在直線型組織結構的基礎上，對功能別組織機構的進一步完善與改進的結構。這種組織結構在現代企業較為常見，而且被大中型企業經常運用。

　　事業部制組織結構，這是在產品部門化的基礎上建立的一種分權管理組織結構。其規模龐大、品種多種多樣、技術複雜，是國內外大中型企業普遍使用的一種現代企業組織模式，如圖 3-8 所示。

3-8　事業部制組織結構

```
                    ┌──────────┐
                    │  總經理   │
                    └──────────┘
      ┌──────────┐        ┌──────────┐
      │  人事部   │────────│  財務部   │
      └──────────┘        └──────────┘
      ┌──────────┐        ┌──────────┐
      │  技術部   │────────│  生產部   │
      └──────────┘        └──────────┘
      ┌──────────┐        ┌──────────┐
      │  後勤部   │────────│  後勤部   │
      └──────────┘        └──────────┘

 ┌──────────┐   ┌──────────┐   ┌──────────┐
 │ 產線主任  │   │ 產線主任  │   │ 產線主任  │
 └──────────┘   └──────────┘   └──────────┘
 ┌──────────┐        ┌──────────┐
 │  材料科   │────────│  材料科   │
 └──────────┘        └──────────┘
                     ┌──────────┐
                     │   班組    │
                     └──────────┘
                     ┌──────────┐
                     │   班組    │
                     └──────────┘
```

　　矩陣制組織結構，既可以按功能別垂直劃分領導系統，又可以按照專案橫向劃分領導關係，即在直線功能別的基礎上，再增加一種橫向的領導關係。

　　多維立體型組織結構，這是事業部制與矩陣制組織結構的有機結合。這種組織結構可以按專案與服務劃分部門，可以按功能別劃分，也可以按地區進行劃分，便於組織和管理，如圖 3-9 所示。

3-9 多維立體型組織結構

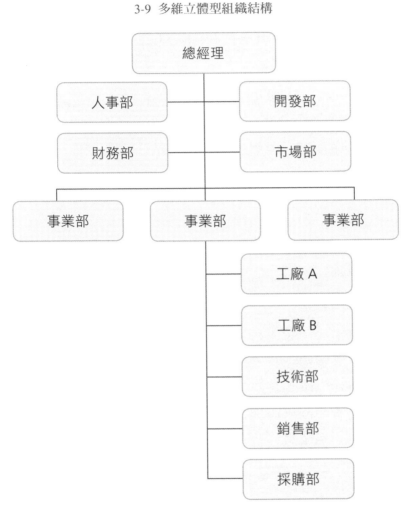

創業者應該根據自身的實際情況合理安排公司組織結構，清楚地知道公司現在所處的階段，以讓投資人對自己的公司有個清晰的認識。

• • •

部門及重要職位的職責介紹

投資人在為企業投資之前，一定要對企業的部門及重要職位有清晰的認識。投資人必定會搞清楚公司管理層及員工的相關情況，而這一部分資訊，投資人也會從專案計畫書中獲取。

因此，創業者在撰寫專案計畫書時，一定要對本公司部門及重要職位進行介紹，並作出分析，規範職責。創業者在專案計畫書中介紹的公司部門及重要職位，既是說服投資人投資的有力武器，又是有力保障提高員工工作效率的說明。創業者對於員工在工作中存在的不足也應該明確地提出來，同時還應該給出相對應的糾正措施。為了讓投資人更清晰地認識部門及重要的職責，創業者可以透過圖形的形式表示出來，讓投資人一目了然。

以下為公司的一些重要部門及職責的介紹，如圖3-10所示。

3-10　重要部門及職責

人事部

規範制定公司勞動人事管理政策

行政部

做好上級與下屬的溝通工作，讓部門之間協同合作，
貫徹主管指示，實施工作和計畫的督辦和檢查

財務部

組織編制公司年、季度成本、利潤等財務指示計畫，
並進行檢查、監督和考核、調整與即時控制

採購部

制定公司統一的採購政策，
根據年度工作計畫制訂採購供應計畫

生產管理部

設立生產計畫，根據公司實際情況進行修訂

行銷部
根據公司實際情況提出行銷策略，
運用各種有效方式銷售產品

品質管理部
制定品質管制、品質檢驗等制度，
建立完善的品質保證體系等，最終達到保證產品品質的目的

產品開發部
負責公司技術的穩定發展，制定相對應的制度與長遠規劃

除此之外，有些公司還有如計畫發展部、行銷部、技術工程部等，每個部門相關人員都負責各自的工作，各盡其責、分工明確，讓各管理層進行科學管理，同時也大大地提高公司的工作效率。

案例

　　某企業撰寫專案計畫書時，為投資人介紹企業各部門，以及部門擔負的責任。對於本企業的人事部門，企業創業者在專案計畫書中介紹這一部門負責公司人力資源工作的規劃，該公司人力資源部門負責的主要工作是建立關於招聘、培訓、考勤的各項規章制度，並予以嚴格的執行。該企業人事部還負責制定和完善公司職位編制，同時負責辦理入職手續，負責人事檔案的管理、保管和雇傭契約的簽訂，建立新員工檔案，等等。

　　總而言之，企業創業者透過專案計畫書對人事部門所做的介紹，讓投資人了解到人事部的具體設置情況。

　　加上投資人透過專案計畫書的其他內容，認識到這家企業的大局意識很強，凡事都從全方位來考慮，企業員工工作的積極性很高，創業者的創業氣氛很濃，由此，投資人有了投資的打算。

　　一個公司，不管是管理層，還是普通員工，都應該在各自的工作上認真。創業者應該讓不同部門的員工（包括自己）明白各自的職責，清楚各自的工作內容，認識到各自承擔的責任。創業者還應該讓大家明白如何提高工作效率，確保在規定的時間內完成各自的工作，發揮各自的重要作用（圖3-11）。

3-11 公司工作及職責

董事長	公司最高職位，為公司法人代表，是重大事項的主要決策者，對公司的發展及經營負全責，下級為副董事長

總經理	上級為董事長，下級為總監、總經理助理。主要責任：接受上級任務並指導、監督下屬部門工作

財務總監	上級是總經理，下級為財務部經理。主要責任：接受上級任務並指導、監督下屬部門做好工作，同時承擔協調稅務關係的責任

人事行政總監	上級是總經理，下級為人力資源部經理、行政後勤部經理、資訊部經理。主要職責：接受上級任務並指導、監督下屬部門工作，同時承擔協調公司外部關係的責任

生產總監	上級是總經理，下級為生產部經理、採購部經理等。 主要職責：接受上級任務並指導、監督下屬部門工作，同時承擔著接洽、監督生產的責任

運營總監	上級是總經理，下級為運營經理。 主要職責：負責公司的運作與管理、年度經營計畫的完成

從董事長到總經理，再由總經理到經理，最後由經理到員工，都對公司的運營達到非常重要的作用。一個公司，一開始並不會擁有健全的管理人才隊伍和擁有全能技術的員工隊伍，需要招聘人才，而在招聘前，公司相關責任人應該先選拔一批專業素質強的管理人員，再由管理者完成員工的培訓和監督工作。

公司優秀的員工能夠按照公司的規章制度認真學習，了解自己的工作範圍，進而更好地完成自己的工作。同時，每位員工也要協同合作、相互配合，提高工作效率。創業者在專案計畫書中清晰表述公司重要職位和相對應職責，投資人就可以明瞭公司內部工作流程。

• • •

清晰嚴謹的股權劃分

創業公司成立初期，一般情況下都會採用股份制的形式。如何劃分股權則是一個很重要的問題。若公司股權的劃分不合理，就難以發揮股東的主觀能動性，導致在創業的過程中出現大的錯誤，使股東付出龐大代價。

通常，創業公司的股份分為以下三個部分（圖 3-12）。

3-12 公司的股權分配

員工股權

創始人
股權

投資人
股權

股權分配

公司創業者重要成員如果佔有的股份太低，那將導致他們不願發揮主觀能動性；如果某個人佔有的股份太高，一旦在創業的過程中犯錯，這位持有高股份的人所付出的代價就特別大。在股權的分配上，創始人是承擔風險的人，佔有的股權也相對較高。如果一個公司同時有幾個創業者，最一開始，創業者所占的股份持平，之後，應該根據創業者在召集人、提出創意，或者在吸引投資或解決貸款等方面的貢獻程度來調整相對應的比例。

有的創始人是全職工作，有的創始人被稱之為聯合創始人，在公司擔任兼職工作，這個時候，全職創始人對公司做的貢獻要大於聯合創始人，對應地，全職創始人持有的股份也較多。公司合夥人中，往往是投入資金較多的合夥人持有的股份較多。同時，公司創業者與其合夥人還會根據投資成功案例來分配股權。一般情況下，創業者是第一次創業，而其合夥人如果曾參與過創投投資並獲得成功，這時，合夥人就會依次獲得較多的股權。這樣一來，就能夠根據創始人所占股份和股份相加的總數來計算出每個人所占的百分比了。

⊙ 案例

　　2017 年，一家化妝品公司剛剛成立，公司有兩位聯合創始人加入，一位天使投資人看好他們的方案，就決定為這家公司投資。

　　這家化妝品公司在創業初期，主張由一位有能力的創始人掌握公司職權，這位有能力者作為公司的核心人物，持有較多的股份。這位創始人和其他兩位聯合創始人所持股的比例為 6:2:2。這樣一來，公司的核心者持有公司大部分股權，一來可以提高他的決策效率，同時還可以帶領其他創始人為公司做出相對應貢獻。天使投資人在投資中所占股權為 25%。經過 4 年的努力，這家化妝品公司成功上市。

　　在一些創業企業中，創業者總願意將員工當成是合夥人，這是一種激勵員工的有效方法。企業員工佔有相對應的股權，能夠調動工作積極性，但也應承擔一定的風險。同時，員工持有相對應股份，對公司也有一定的負面作用（圖 3-13）。

3-13 企業員工佔有相對應股權的負面作用

一個負面作用

很早就分散公司股權

另一個負面作用

具有員工心態，甘願做員工的人，因為希望獲得穩定收入，
對未來或增值的股權沒有太大的興趣

　　創業公司在創業前期需要投資人出錢，創業方案才能正常
啟動。創業者要想投資人出資，就必須將自己所持有的股權
分出來，讓投資人佔有一定的股份。一般情況下，投資人在
創業公司發展初期不願意佔有太多的股份，因為持有股份多，
相對應承擔的風險也大，而且如果投資人佔有的股權過多，
創業團隊所占的股權就相對較少。這時候，企業團隊不太願
意將所有的精力都投入公司事業中，創業成功的可能性自然
會變小。

　　對於一個創業企業或公司，要想發揮在股權分配上公平、
公正的原則，首先就應該在股權分配的初期設定一個合理的
股權池，以正確的方式為公司吸引人才，盡快為公司取得募
資方案，在有效的時間內獲得利潤。

4

商業模式：

告訴投資人你們靠什麼賺錢

投資人在專案計畫書中最想看到還有企業的賺錢模式，他們想知道你靠什麼賺錢，可以賺到多少。企業應抓住投資人的這個心理，把商業模式說清楚，告訴投資人你有什麼樣的產品或服務，如何進行產品或服務的研發與升級，產品或服務的優勢在哪裡，等等。

●　●　●
商業模式的詳細闡述

　　商業模式是企業和企業之間，一個企業的部門之間，或者企業與顧客、管道之間存在相互的交易關係，或是彼此以某種方式連接在一起的一種模式。簡而言之，商業模式就是一個企業利用產品或服務賺錢的一種方式。創業者在專案計畫書中為投資人呈現一個好的商業模式，能有力地說服投資人。

　　接下來，我們以圖來解析一下商業模式的新概念（圖4-1）。

4-1　商業模式

　　企業的資源統稱為消費者需要購買的產品和服務。這種資源具有兩個特徵：a 自己可以複製，除此之外，任何人不能複製；b 企業自己在複製中佔據市場優勢地位。

企業擁有好的商業模式的前提是必須積攢足夠多的消費資源，還有就是給產品或服務選擇一個特定的市場，讓創業專案適應市場需求。有的企業因為沒有為產品和服務選擇好市場，到最後為了讓消費者體驗，不得不採取免費贈送形式，導致消費者不願意再花錢購買創業者的產品或是體驗服務。

⊙ 案例

28 歲的 Ryan 用積蓄開一家超市。這家超市投資 200 萬元左右，Ryan 估測一年大概能賺 300 萬元。

年底，超市的純利潤果然在 300 萬元左右。這時，Ryan 有拓展業務的想法，他想要連續開 4 家超市。但是，Ryan 沒有足夠的錢，只能尋求投資。

Ryan 在專案計畫書中為投資人提供一套商業模式，方案是這樣制訂的：如果自己開了 5 家超市，就能讓消費者產生信任，消費者可以透過儲值的方法買商品，而且最後為自己贏取利潤。顧客儲值在 2000 元以上，如果再介紹 5 位顧客儲值，這位顧客可以獲得除去自己購買 2000 元的商品外額外有 2000 元獎金。Ryan 利用消費者儲值的錢繼續開拓市場，開 10 家，甚至 20 家超市。Ryan 的商業模式令投資人非常滿意。投資人看過 Ryan 的專案計畫書之後，經過內部商議，決定予以投資。

好的商業模式需要具備以下 9 個要素（圖 4-2）。

4-2 商業模式具備的基本要素

價值是指企業透過產品與服務為消費者提供的某種價值；
目標消費群為企業透過市場劃分選定的消費者群體；與消費
者的關係是指企業與消費者之間建立的關係，雙方彼此進行
溝通和回饋；分銷管道是企業透過有效途徑接觸消費者，再
將產品與服務價值傳遞給目標消費者的過程；企業內部價值
鏈是指企業業務流程的安排和資源的配置；核心資源和能力

為企業實施商業模式的過程中需要的資源和能力；主要合作夥伴是企業與企業之間為提供有效價值而形成的合作關係網絡；收入方式是指企業透過各種收入創造財務的過程；成本結構是指日常開支，售後、行銷及銷售成本。

　　一個企業具備上面 9 個要素，就可以制定出一套好的商業模式。對創業者來說，究竟什麼樣的模式才屬於成功的商業模式呢？其實，好的商業模式主要有 3 個特徵（圖 4-3）。

4-3　成功商業模式的特徵

提供
獨特的價值

無法
效仿與超越

實事求是，
一步一腳印

　　企業應該明白，商業模式並不是一成不變的，商業模式會隨著企業的發展不斷地發生變化。這時候，就需要企業跟隨時代的發展，在商業模式上創新，並不斷地進行調整，這樣才能讓投資人看到企業的未來是充滿希望的、有價值的。

● ● ●

產品服務的準確定位

　　創業者在專案計畫書中對產品和服務進行介紹是獲得投資的關鍵。創業者應該在撰寫專案計畫書時對產品服務進行準確的定位，讓投資人清晰地了解到企業產品的用途，產品是針對哪類消費者來生產的，或者讓投資人明白企業需要做出什麼樣的產品才能滿足消費者的需求等。創業者對產品有準確的定位，才能夠讓投資人知道創業專案的價值，為方案投資。

　　產品服務的定位是指創業企業或產品服務在消費者或客戶心目中的形象或地位。一般情況下，這種形象與地位是其他產品服務無法比擬的，具有獨特性。這時候，就需要創業者付出努力，為產品服務進行準確的定位。創業須知包含以上幾點（圖4-4）。

4-4 創業須知

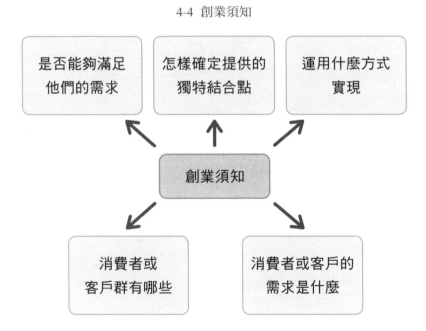

針對以上提出的 5 個問題，採用 5 步驟的方式來解決，如圖 4-5 所示。

4-5 解決問題的 5 個步驟

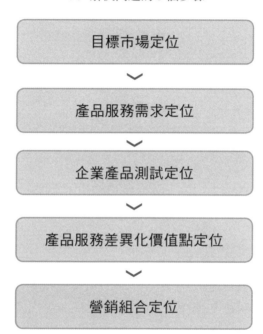

目標市場定位是一個市場細分和目標市場選擇的過程，換言之，就是創業者要了解將要為誰服務。任何一家公司都不可能贏得所有顧客的青睞，但總有需要或適合使用產品的目標客戶。創業者在選擇目標客戶的時候，首先需要確定細分市場的標準，對整體市場進行細分，其次對細分後的市場進

行評估，最終確定所選擇的目標市場。目標市場定位，如圖
4-6 所示。

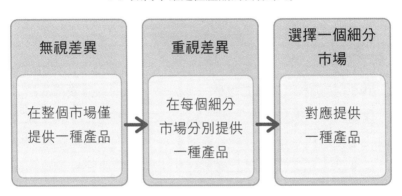

4-6　如何準確定位產品的目標市場

產品服務需求定位，這是指創業者需要滿足產品服務獲得
者的一些需求。這時候，創業者應該根據消費者的需求來定
位產品類別。所以，創業者在這一環節中要進行產品研究調
查，不斷地改進產品，以滿足消費者的需求。

企業產品測試定位，這是對企業進行產品創意或產品測試。

產品服務差異化價值點定位既要解決目標客戶需要、企業
提供產品及競爭各方的特點結合問題，還要將這些獨特點與
其他行銷屬性相結合。

　　行銷組合定位，就是怎樣去滿足需求，當確定目標客戶的需求與產品服務之後，需要透過行銷組合方案來確定準確的定位。

◉ 案例

　　Andy 在某一旅遊景點經營一家民宿，來到這裡旅行的絕大多數都是青年人，大部分人來這裡會住 1 到 2 天。Andy 覺得應該儘量為這些年輕人提供經濟實惠的價格，以滿足他們的消費標準。年輕人喜歡上網，於是，他在房間裡設置無線網路，讓每位單獨旅行的顧客回到溫馨小屋之後能夠看電視、打遊戲等。

　　Andy 雖在這方面考慮得非常周全，但總有想不到的地方。年輕人出門總喜歡自帶盥洗用品，所以他就沒有想要在房間裡放一套備用盥洗用品。一次，一位旅客沒有帶這些東西，看到房間裡沒有，頓時就有些懊惱。Andy 知道後，立刻向該名顧客表示歉意，並迅速予以解決，為那位顧客送盥洗用品。

　　從此以後，Andy 每次打掃完房間，都會放一套新的盥洗用具。Andy 覺得自己的民宿還需要不斷改進，直到讓所有來這裡的人滿意。

　　對產品服務進行準確定位是一門心理學，要想定位準確，就要從企業本身、目標客戶和競爭者這三個角度來解析定位的方法，也就是企業要有高品質的產品服務，以達到滿足目標客戶的需求，打敗競爭者。對此，產品服務應該進行以下定位（圖4-7）。

4-7 產品服務定位

企業本身	競爭者	目標客戶
・對屬性特色定位	・品牌定位	・使用者定位
・對產品品質定位	・對比定位	・情感利益定位
・對品質價格定位	・市場位置定位	・功能利益定位

　　產品服務的準確定位就是企業在滿足客戶或消費者價格的前提下讓他們得到舒心的服務。產品服務的定位是創業者針對潛在顧客的心理採取的一種行動，為滿足消費者需求，創業者就應該想盡一切辦法提高產品服務的價值，找准產品服務在目標客戶心目中所佔據的位置。

● ● ●

新產品的創意開發

當今社會，各企業運用先進的科學與技術，再結合自己的創意生產出新型產品，企業間的競爭越來越激烈。創業者如果在日新月異的市場上站不住腳，將面臨失敗的結果。創業者要想在市場立於不敗之地，就要不斷地創新，不斷開發新產品，這樣，才能在市場上佔據領先地位，獲得投資人的青睞。

創業者想要發揮自己的創意潛力，開發出受大眾喜歡的產品，就需要具備以下 5 個要素（圖 4-8）。

4-8 創意開發 5 要素

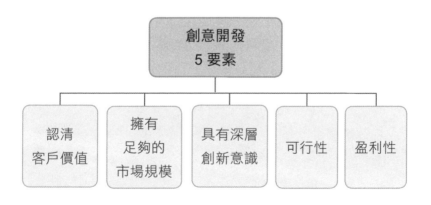

　　新產品的開發來自於一種創意，那麼，創意又源自於哪裡？新產品創意的來源有多種管道，其中，消費者是必不可少的。除此之外，還有研發產品的人、競爭者，等等。新產品創意的來源如圖 4-9 所示。

4-9　新產品創意來源

目前消費群

用心觀察目前產品使用者，了解他們的訴求，
根據顧客的使用和回饋情況獲得產品創意

產品研發者

產品研發者在新產品創意中有著關鍵性作用，
一個企業應該重視研發者所具備的專業知識和科技水準

競爭者

時刻關注競爭者開發與推銷的新型產品，
根據消費者的使用情況來了解產品，
了解消費者訴求，以獲得創意靈感

從書中得到啟發

透過查閱資料，找到觸發產品創意的點，
讓自己有清晰的思路，有新的創意開發新產品

學會溝通

可以從企業高層管理、推銷者、銷售商、研發者等
群體了解市場需求並進行溝通，以打開創業者思維

⊙ 案例

　　某服裝公司想要設計一種最新款式的服裝，因為之前的衣服款式已經不受消費者的喜愛，公司相關負責人決定設計一款受大眾喜愛的服裝。公司開發部門和高層管理人員進行溝通，同一時刻，高層管理人員也提出相對應的策略，開發部負責人從高層管理人員的構思中產生創意。有了創意之後，他們開始設計新款衣服，出樣品投入市場試銷售。從消費者購買衣服的情況來看，這一款衣服還是很受喜愛的。於是，公司開始大量生產這一款式的衣服。一段時間裡，這款衣服在當地的銷售量位居第一。

　　擁有了好的產品創意，接下來就開始新產品的開發。對產品的開發是一個循序漸進的過程，創業者需要一步一步來操作，如果其中的一個環節無法繼續進行，接下來的工作也將寸步難行，甚至直接影響到產品的銷量。在新產品的開發上，創業者應該予以高度重視，不可忽視任何一個環節。一般情況下，新產品的開發分為以下幾個步驟（圖 4-10）。

4-10　新產品的開發步驟

產品創意	在相同領域獲取產品創意，或提升想法
概念 開發和測試	透過測試知道客戶對產品概念做出的反應，適時改進
產品 開發和測試	讓客戶使用新出樣品，並給出建議，適時改進

市場測試	透過銷售額表現行銷和生產技能
做出新產品 是否 退出市場決策	從行業、政策、客戶等各角度考慮，做出最終決策

　　新產品的創意開發是科學與技術迅速發展的必然要求。企業新產品的出現能夠加快產品更新換代的速度，同時還能順應時代，貼近並提高消費者的生活水平。新產品只有贏得消費者的青睞，才能得到投資人的信任，讓投資人投資，幫助創業者的新產品在市場上佔據領先地位。

現有產品的研發升級

商場如戰場，企業新產品適應消費者的需求，就會在短時間內獲得消費者的青睞，企業也會獲得相對應的利潤。但如果產品在較長的一段時間內不更新換代，未來一段時間內就會面臨被淘汰的危險。這是必然的，因此，在新產品獲得利潤的同時，為使產品能長久適應市場，企業應該對產品進行研發，讓產品升級，不斷地滿足消費者的需求。

現有產品的研發升級就是在現有產品的基礎上，採用先進的設備，利用先進的技術，生產出先進的產品。企業對現有產品進行研發升級，就是為了達到以下目的（圖 4-11）。

4-11 產品升級的目的

勞保安全

原有資源循環利用

加強資源綜合利用

節約原物料

降低成本

提高產品品質

現有產品升級之後，產品的品質會更有保障，功能更加齊全，給消費者的生活帶來更多便利。現有產品研發升級是產品發展的客觀規律，使企業在市場競爭中立於不敗之地。一般情況下，產品都具有一定的壽命，消費者使用到一定的程度，一定會再購買新的產品來替代原有產品。這時候，創業者就應該在短時間內進行籌畫，讓產品升級換代，以適應消費者的需求。

⊙ 案例

Eric 是一名廚師，他去外地學習海鮮的烹飪方法。學有所成歸來，他繼續為原來的餐廳打工。附近很多人都非常喜歡他做的食物，有的時候，一些老顧客還帶來一些新顧客。這時候，Eric 有了一種想法，就是辭去現在的工作，去一個繁華位置開一家屬於自己的店。

不久，他就辭去現有工作，選好了位置，開起自己的餐館。一開始，餐館的生意興隆，他也賺了一些錢。但沒過幾個月，他發現，人們就不願意來這裡了。他很納悶，覺得自己做的海鮮這麼好吃，為什麼人就越來越少呢？一天，他偶然間聽到一桌的客人聊天說：「這家的海鮮非常美味，但每次一來都是這些東西，我們都吃膩了，下次去別的餐館看看吧！」Eric 恍然大悟：原來顧客越來越少的原因是這樣啊！

之後，Eric 又開始學習新式菜品的做法。漸漸地，他這裡的顧客又多了起來，而且一些老顧客還經常會帶一些新顧客來。Eric 的餐館生意又熱門起來。

做好產品的研發升級需要做到以下幾點（圖 4-12）。

4-12 產品研發升級要求

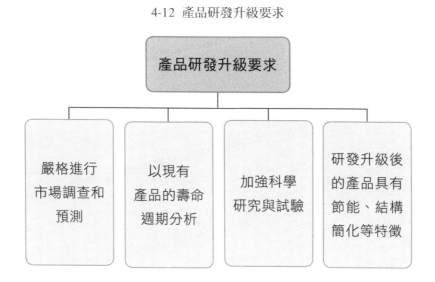

嚴格進行市場調查和預測，讓升級後的產品更贏得消費者信賴，讓升級產品有據可循；以現有產品的壽命週期分析，確定二代產品的投入期，對第三代及第四代產品做出研製規劃；加強科學研究與試驗，創業者可以利用一切有利條件全心地投入對現有產品的研究；經過研發升級後的產品要具備

節能、結構簡化等優點，消費者會和原有的產品進行對比，如果經過對比後的升級產品確實比原有產品能夠帶來更多滿足，就讓消費者產生購買欲望。

提升產品的競爭力

企業產品競爭力的高低除了與產品的品質有關之外，還和企業在市場獲得的領導地位密不可分。創業者在專案計畫書中構思與撰寫產品和服務這部分內容時，往往會為如何撰寫好產品和服務的核心競爭力而絞盡腦汁。創業者既想透過企業產品和服務的優勢表現出企業的核心競爭力，但又怕其他企業效仿本企業的產品創意，如果對方生產出品質差的產品，勢必會影響到本企業產品的銷售，以致為自己產品日後的行銷帶來一定的困難。

企業想要增強產品競爭力，首先就應該保證產品的品質和按時供給。除此之外，還應該保證產品的功能、服務、品牌等，透過一系列的合理措施，企業可以將自己的產品打造得與眾不同，以獲得投資人的青睞。作為創業者，應該從如圖4-13 所示方面入手，增強企業產品的競爭力。

4-13 增強產品競爭力

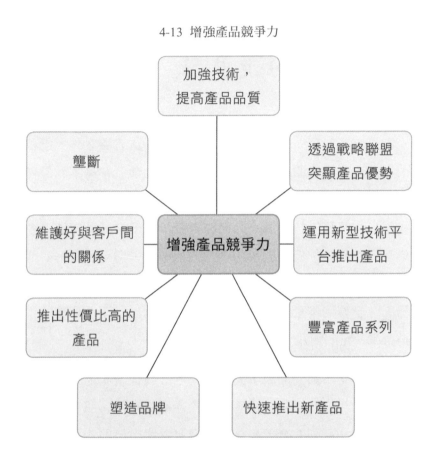

加強技術，
提高產品品質

透過戰略聯盟
突顯產品優勢

壟斷

運用新型技術平
台推出產品

維護好與客戶間
的關係

增強產品競爭力

豐富產品系列

推出性價比高的
產品

塑造品牌

快速推出新產品

　　壟斷的力量非常強，而壟斷的經濟價值又是很大的。如果一個企業擁有壟斷能力，就會為自己的產品制定一個遠遠大於產品成本的價格，以獲得高額利潤。一般情況下，企業的壟斷主要包括以下三個方面（圖4-14）。

4-14 企業的壟斷類型

市場壟斷	技術壟斷	原物料壟斷
利用新型技術和創意產品的差異化讓企業迅速佔領市場，獲得高利潤	根據某項專利或機密技術讓產品在競爭中立於不敗之地	透過控制上游原物料達到控制下游的產品市場

　　企業要想增強產品競爭力，就應該提高自己的研發實力，擁有屬於自己的專利產品和技術，確立智慧財產權。企業可以透過制定技術標準和產品標準，並與行業中各種社會關係進行有效溝通，以達到為企業的技術和產品做行銷的目的。

　　創業者形成戰略聯盟，能夠使自己的力量變得強大，透過團隊的力量來和競爭對手較量。尤其企業進行產品聯盟，既可以彌補自己產品存在的不足，又可以讓產品變得多元，使產品競爭力增強。

⊙ 案例

剛剛大學畢業的 Tony 和幾個好朋友一起創業，他們開了一家小公司，利用 1 年的時間研發一款軟體。這款軟體的主要功能是導航，能輕鬆地解決人們識路的難題。Tony 和幾個朋友商量過之後，決定和當地最大的軟體公司形成戰略聯盟。這樣，他們就能先在市場上佔有主導地位。果然，Tony 和他朋友的這一決定使得他們的公司在短時間內就佔領市場。他們研發的軟體一路暢銷，同時，這款軟體也為消費者外出旅遊帶來便利。

技術的進步為創業者提供發展動力和產品展示的機遇。如果創業企業能夠抓住先進技術的優勢，利用新型技術開發新型產品，或對產品做出調整，就能讓最新的產品在競爭中脫穎而出，這也是企業增強產品競爭力的有效手段。

如果有很多個細分市場同時存在，企業只進入部分細分市場，那麼其他細分市場中存在的競爭對手將會一直發展下去，慢慢地，企業將會錯失良機，被競爭對手打敗。企業要想扭轉乾坤，就必須進入更多的細分市場。要想達到這一目的，就必須推出新產品，豐富產品系列，儘早在市場上佔據領導地位。

快速推出新產品也是一種增強產品競爭力的有效方式。在這個商業競爭激烈的社會，爭取時間是一個值得高度重視的問題，也就是創業者要將注意力集中在推出新品的速度上。如果產品在短時間內推出，企業要及時獲取消費者的回饋意見，做好售後服務，在此基礎上，對產品進行調整與更新。

企業產品塑造品牌同樣可以增強產品的競爭力，因為產品塑造品牌具有以下優勢（圖 4-15）。

4-15 塑造產品品牌的優勢

產品能夠獲得消費者信賴	產品讓消費者產生新鮮感	表現創業者的創新意識

防止競爭者模仿	產品品牌具有差異化優勢

有一種情況，創業產品進入一個強勢的市場，產品的品牌、技術等方面都不佔優勢，這時候創業者就應該依靠產品的性價比來贏得更多的消費者。要知道，性價比高的產品最容易獲得消費者的青睞。

　　創業者提升產品競爭力還有個關鍵的因素，就是注意維護好與客戶間的關係。當然，創業初期，創意性產品因為沒有競爭對手而在短時間內獲得高額利潤，但隨著時間的推移，產品難免會被其他人模仿，或有其他產品來替代，此時再想獲得高額利潤就困難了。創業者要明白，從創業初期就應該和每位客戶搞好關係，因為開發一個新客戶的成本要遠遠大於與老客戶維持關係的成本，創業者應該運用有效方式維護好客戶關係。

5

行銷計畫：

告訴投資人
你們用什麼辦法賺錢

行銷計畫是銜接企業產品與客戶的聯繫管道，商業計畫書中應該有行之有效的行銷方案，如產品策略、價格策略、通路佈局和促銷手段等，以此告訴投資人，我們只要執行下去，就能賺到錢。

● ● ●

成熟有效的行銷方案

　　制訂一份成熟有效的行銷方案是說服投資人最有效的方法，也是市場行銷人員應具備的基本能力。市場行銷人員在制訂行銷方案的時候一定要對市場進行分析，一般情況下，行銷方案的制訂需要完成以下幾個步驟（圖 5-1）。

5-1 行銷方案的制定步驟

```
          ┌──────────────┐
          │  行銷方案的制定  │
          └──────────────┘
       ↙          ↓          ↘
┌──────────┐ ┌──────────┐ ┌──────────┐
│ 產品構思與設計 │ │ 市場調查研究 │ │  市場定位  │
│          │ │          │ │ 和客戶選擇 │
└──────────┘ └──────────┘ └──────────┘
```

　　首先是產品構思與設想，需要為描述產品與服務而選擇需求，同時還需要對市場和存在市場的機會給出合理解釋；其次是市場調查研究，它對創業者為投資人展示市場研究報告

達到重要的作用，是專案計畫書中必不可少的內容。市場調查研究能夠讓創業者及時而全面地獲得相關資料，以協助創業者做出合理判斷，更好地完成專案計畫書。市場調查研究流程如圖 5-2 所示。

5-2 市場調查研究流程

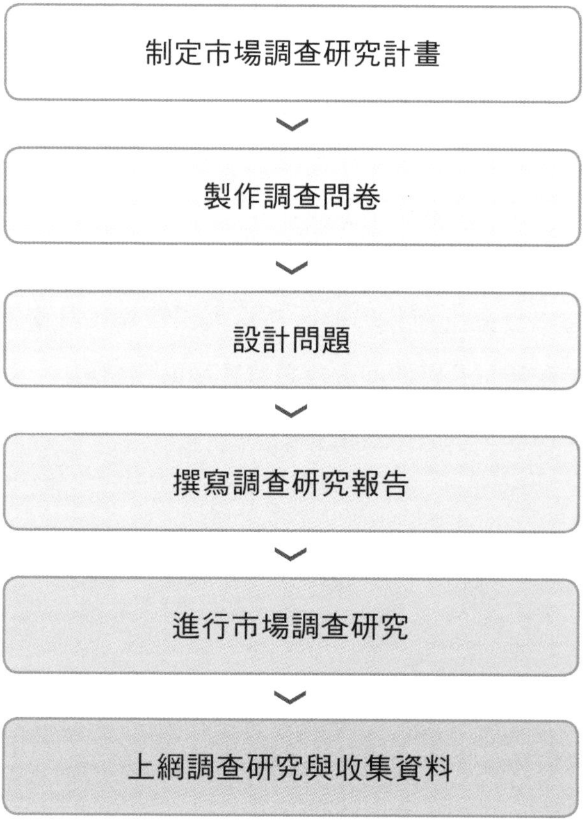

制定市場調查研究計畫

製作調查問卷

設計問題

撰寫調查研究報告

進行市場調查研究

上網調查研究與收集資料

創業者在進行市場調查研究之後，就要進行市場定位和客戶選擇。這樣一來，產品與服務的細分市場和目標客戶基本就確定下來。接著抓細節，深入研究市場存在的競爭對手和其他影響創業方案正常運作的因素。

如圖 5-3 所示，創業者的行銷策略表現在專案計畫書中時，要以產品的特點和消費者實際需求為核心來制定。實質上，行銷策略的成功與否與產品策略、價格策略、通路策略和促銷策略密不可分。行銷策略的制定需要由企業目前發展階段和創業方案在市場所佔據的位置來決定，做出一定的調整，以達到滿足消費者的需求目的，讓消費者覺得物有所值。當然，過程中離不開企業與消費者之間的溝通。銷售預測是創業者根據市場分析而獲取的，投資人根據專案計畫書中的銷售預測能夠輕而易舉地理解行銷目標和財務報表。

5-3 行銷計畫內容

⊙ 案例

　　James 是一家魔術團體的負責人，一直以來，他的經營理念都離不開魔術，強調把握魔術互動性，突顯表演藝術，最後達到滿足觀眾好奇心的目的。每次，他和自己的團隊去一個地方表演，總會提前對周邊的居民實施調查訪問，了解他們喜歡看什麼樣的魔術表演。如果他們喜歡搞笑類的節目，他就會對原來已經排練好的節目進行調整；如果他們喜歡新奇的道具，他就會提前購買一些道具，再進行加工，讓人耳目一新。人們有什麼需求，他都會想盡辦法滿足他們。透過這種方式，他拉近與觀眾之間的距離，讓他們愛上魔術，愛上自己的團隊。

　　現今，相同性質的產品層出不窮，品質、價格、材質也相差無幾，有的時候，同種類型的產品在外觀上也幾近相同。隨著科技的進步，產品也在不斷地升級，在此過程中，產品、品牌、通路和資源的競爭也會隨之加劇，最終的目的是贏得消費者對產品的信賴，也就是提升產品在消費者心目中的地位。

　　一個企業，尤其是一個創新企業，如果產品在消費者的心目中沒有樹立強大的形象，那麼一切的努力都是無用。如果創業企業處於這種境遇，就應該透過以下行銷方案來解決（圖5-4）。

5-4　解決方式

及時
更換品牌

思維
更新換代

解決方式

聚焦定位

創業者將創業產品投入市場，在未知的市場環境中，如果這一品牌的產品無人問津，就應該根據實際情況及時更換產品品牌，讓消費者認可，以便產品銷量上升。

產品的聚焦定位是將多款產品精減到幾款，甚至只留一款，以讓創業產品精益求精。聚焦後的產品具有統一的資源配置、協調作戰的資源調配，再加上強大的力量做支撐，最終集中所有力量「攻擊」市場。

傳統的企業運用傳統的方式設計出傳統的品牌，並不能適應當代科技飛速發展的要求，需要創業者不斷地更新思維，多了解市場，多了解競爭對手，多了解消費者的需求，為自己營造一個學習的環境，讓自己有個學習的過程，以讓自己的思維跟得上時代的發展。透過行銷創新讓創業產品適應市場，最關鍵的是讓投資人看到創業者未來具有很大的盈利空間。

行之有效的產品策略

一個企業，如果沒有產品，那麼價格、通路和促銷就無從談起，所以說產品策略是價格策略、通路策略和促銷策略的分析基礎，企業產品做得好，消費者與客戶才會從根本上認可創業企業。創業者如果在專案計畫書中很好地表現產品策略，就能讓投資人看到產品的價值所在。

產品策略主要包含如圖 5-5 所示內容。

5-5 產品策略內容

產品整體概念

產品與服務基本內容

產品與服務分類

產品組合和產品組合策略

產品生命週期及各階段行銷策略

新型產品開發策略

服務特點和服務行銷

產品的整體概念分為以下五個層次（圖5-6）。

5-6 產品的整體概念

核心產品

產品行銷的基礎，為消費者提供最基本的效益和利益

實體產品

基礎產品的表現形式，
以此來實現產品的基本效用來滿足消費者

期望產品

產品達到消費者的期望水準，獲得消費者好評

拓展產品

消費者購買產品後得到附加服務和利益，
實現回購與擴展客戶的目的

潛在產品

是一種承諾、期待，最終達到所有附加價值與新轉換價值

產品與服務是指企業向市場提供讓消費者或客戶滿意的產品與服務。產品可以滿足消費者物質上的需求，而服務可以讓消費者的心理滿足，讓消費者獲得附加利益，對企業產生信任和依賴。此為產品與服務的整體概念。

企業開發與行銷產品，必須要為消費者介紹產品的基本內容。產品的基本內容包含以下幾種（圖5-7）。

5-7 產品的基本內容

產品的服務指產品為消費者提供的利益，既包括使用價值，又包括為消費者提供的效用與需求。這些都應該透過產品和服務的品質、特徵和設計等來表現。企業應該根據產品的實際情況來定位市場，讓產品的屬性符合所選市場的需求，這

一過程也就是對產品屬性的定位。產品包裝指既美化產品外部結構，也包括對產品容器的生產與設計，企業對產品的包裝形式多樣性，其中有同步包裝、分級包裝、變換包裝盒和再使用包裝等。產品包裝最終實現的目的是保護產品、促進銷售、增加利益和運輸便利。因此就會導出產品的另外兩個基本內容即產品的映像和品牌。產品的映像是產品自己的服務、屬性、包裝等內容留在消費者心中獨特的直覺印象。而這產品標籤在消費者心中形成後就會與產品的商標一起成為產品的品牌，在以後的銷售過程中產生品牌效應，成為企業的無形資產。

⊙ 案例

同一縣市有兩家生產盥洗用具的企業，其中一家製作牙刷時選用最好的材質，另一家只選用一般材質，而且在製作其他用具如肥皂盒的用具時，也都是如此。兩家企業生產出的盥洗用具自然在市場的定位上也存在一定的區別，使用好材質的這家企業的盥洗用具雖然在價格上要高於另一家企業，但透過消費者的使用回饋情況，得到廣泛認可。品質值得消費者信賴，使用效果也很好。漸漸地，另一家使用一般材質製作盥洗用具的企業被市場淘汰了。

　　一個企業在較長的一段時間裡不應該只生產一種產品或提供一種服務。時代不斷發展，企業可以同時生產多種產品提供給消費者。當產品與服務處於生命週期的不同階段時，為避免風險和有效配置企業資源，可以將多種密切相關的產品專案進行組合，實現產品與服務的最佳化組合。創業者進行產品組合的目的就是贏得消費者的信賴，這時候，創業者就應該在市場調查研究的基礎上結合市場需求、競爭情況、外部環境、企業實際情況達到最終的行銷目的。

　　企業的每一種產品都應該循序漸進地進入市場，基本上具備週期性特點。相對地，創業者在產品生命週期的各階段也應該具備對應的行銷策略（圖 5-8）。

5-8 產品的不同生命週期階段的行銷策略

導入期

開展廣告宣傳，運用多樣化促銷方式提高顧客的認知度

成長期

提高產品品質，加強產品的獨特性、拓展市場，
運用價格優勢吸引消費者群體

> ### 成熟期
>
> 進一步拓展市場，激起新舊顧客的購買慾，
> 增加產品功能、提高產品品質，改進行銷策略

↓

> ### 衰退期
>
> 採用持續行銷、收割銷售的方式銷售產品，
> 也可以停止生產，透過上新品替代原有產品

　　市場新產品最主要的是產品更換新的屬性，得到消費者的認可與信賴。企業新品的開發也就是在產品方面不斷創新，對產品進行改進，直到顧客滿意為止。一般情況下，新產品的開發步驟如圖 5-9 所示。

5-9　新產品開發步驟

企業進行新品開發，行之有效的方法是要調動消費者的積極性，讓他們參與產品的設計與開發，這樣才能生產出讓消費者滿意的產品。

服務特點與服務行銷的最終目的是創業者採取無形的服務贏得消費者的滿意。服務類企業包括飯店、仲介公司等。一般情況下，服務類企業具有無形性、不可分割性、可變性、和易消失性特點，由服務特點可以看出服務與實體產品不同，服務的過程與企業內部員工的參與和支援息息相關。

服務行銷包含外部行銷、內部行銷和互動行銷。在服務類企業裡有三個主體，分別為企業、員工和客戶，企業和員工之間是內部行銷，企業和客戶之間是外部行銷，而員工和客戶之間是互動行銷。服務的提供者以高品質向客戶提供服務，這就證明企業具有高水準的服務行銷模式，同時也證明企業贏得消費者信賴。

靈活多變的價格策略

在市場行銷中，產品服務價格的高低直接影響到盈利情況。在市場上，價格可以隨著市場的變化或消費者的需求做出改變，以此來進行價格策略。價格策略是企業在市場競爭中獲得一席之位的有效策略。在此過程中，創業者也要遵守市場規則，合理定價，否則會使企業的銷售額和利潤率受到影響。

價格，廣義上指客戶為獲得、擁有或者使用某種產品和服務利益而支付的價值，這種價值可以直接透過貨幣支付，也可以透過間接的方式，如分期付款等方式；狹義上指為產品和服務收取的貨幣總額。價格策略指企業透過對消費者需求的估測與成本的分析，尋求一種可以吸引消費者，同時符合現實市場行銷組合的策略。一般情況下，價格策略都應該符合以下幾個條件（圖 5-10）。

5-10 價格策略應符合該幾個條件

以科學規律的
研究為基礎

以實踐經驗
判斷為手段

隨著
市場的變動
而變化

以維護生
產者與
消費者的利益
為前提

以目標客戶的
消費水準
為標準

　　一般情況下，創業企業的創業方案在進入市場之前要進行定價，而創業者對此毫無經驗，在產品服務的定價上難免會出現兩個極端，那就是定價太高或定價太低。如果產品服務的定價太高，創業者為創業產品的定價遠超生產產品的成本，消費者會感覺到產品價格高於其價值，自然就不會購買產品；如果產品的定價太低，創業者為產品的定價低於生產產品的成本，消費者購買了產品，但企業卻出現虧損。為此，創業者在為新型產品定價時，既要考慮產品的成本，又要考慮消費者對產品價值的認同，這樣才能制定出合理的價格策略。

　　企業在創業初期，因為大部分產品都是第一次進入市場，所以產品的定價策略會和一般產品的定價存在差異。一般情況下，新產品的定價策略有以下三種（圖5-11）。

5-11　定價策略分類

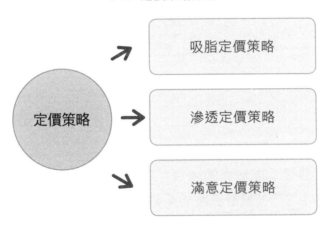

　　吸脂定價策略為一種高價格策略，也就是創業者在新產品剛上市時制定較高的初始價格，以求在短時間內獲得最大利益。到後期，創業者再逐漸降低產品的價格，以求產品在市場上的穩定性，獲得利益。這種價格策略在短時間內可以獲取最大的利潤，當競爭進入白熱化狀態，創業者就立馬採取降價策略，以防止競爭者的進入，同時，這種價格策略也符合消費者對價格調整的需求。

⊙ 案例

　　May 經營一家品牌服裝店，店裡有一款衣服品質不錯，顧客每次來店裡購買衣服時都會選這款衣服。最近這個品牌的衣服又有一種新款，但價格相對較高，生產數量也有限。May 提前登出廣告，説這款衣服數量有限，品質絕對有保障，不過價格卻要比以前的衣服相對高很多。舊顧客得到這個消息，有打電話提前預定的，還有直接來店裡搶購的，3 個月的時間裡，這款衣服賣得非常火熱。3 個月之後，也到換季時期，May 感覺到換季時期了，於是將衣服的價格調低一些，又有一批顧客購買了這款衣服。慢慢地，將衣服的價格又調低了一些。不過，她調到最低價格時也沒有低過這款衣服的成本價。最後，這款衣服售罄。

　　滲透定價策略為一種低價格策略，創業者利用新產品短時間內在市場上以較低的價格來吸引消費者，達到打開市場、獲得較高市場佔有率的目的。但制定這種價格策略時，注意產品定價不得低於成本價。創業者也可以透過這種定價策略達到薄利多銷的目的，但這種方式方法需要符合以下條件（圖5-12）。

5-12　滲透定價策略的實施條件

1

市場對產品價格敏感，
實施這種定價策略會帶來龐大市場佔有率和銷售量

2

企業產量逐漸增加，單位產品平均成本降低

3

能有效排斥其他企業產品，為其設置障礙

　　滿意定價策略介於吸脂定價策略和滲透定價策略之間，其所指定的價格要低於吸脂價格，高於滲透價格。一般情況下，這種定價策略可以讓生產者和顧客都滿意。

　　價格策略多種多樣，定價的方法也很多，企業在為產品定價時，除了要考慮以上三個方面之外，還要考慮產品價格是否符合市場要求。綜上所述，我們可以將定價的方法分為以下三類（圖5-13）。

5-13 產品定價法

成本定價法	指企業在生產、分銷和銷售產品成本基礎上，再透過目標利潤而制定價格的方法
需求定價法	指企業以客戶的價值感知為基礎而制定價格的方法
競爭定價法	指企業根據競爭對手的戰略、行銷目標、產品和服務的成本與定價而制定價格的方法

　　企業實施價格策略的最終目標就是促進銷售、獲得利潤。在此過程中，企業需要考慮成本的補償，同時還要估計到消費者是否願意接受這一定價。簡而言之，價格策略所要實現的目的就是讓買賣雙方都滿意，讓價格隨著市場變化而實現行銷的靈活性。

穩健高效的通路佈局

行銷通路指產品的所有權，從生產領域向消費領域轉移過程中的途徑與通道。行銷通路佈局又稱為行銷通路策略，這一佈局是整個行銷系統的重要組成部分，對降低企業成本和提高企業競爭力具有重大作用。也是行銷計畫工作中的重點。行銷通路會隨著市場的發展而變化。

一般情況下，生產商不會將產品直接賣給消費者，絕大多數企業都會將產品推銷給中間商，再由中間商將產品推向市場。一個企業的行銷通路策略一旦不能順利實施，必定會影響到其他行銷決策的實施，企業要想成功開拓市場，實現銷售或經營目標，就必須擁有穩健高效的通路佈局。一般來說，行銷通路具有如圖 5-14 所示幾種類型。

5-14 行銷通路類型

· 傳統通路，由製造商、經銷商、零售商和消費者搭建的分銷通路

· 整合通路，在傳統通路中，透過不同程度的一體化經營系統整合形成共生利益體

· 直接通路，產品直接賣給消費者

· 間接通路，產品經過中間商賣給消費者

傳統通路和整合通路

直接通路和間接通路

寬通路和窄通路

長通路和短通路

· 寬通路，有兩個或兩個以上的中間商

· 窄通路，只有一個中間商

· 長通路，經過兩個或兩個以上的中間商

· 短通路，不經過或只經過一個中間商

⊙ 案例

Kelly 的企業生產出一批機器人玩具。Kelly 為了讓這款機器人玩具快速地到達消費者手中，採用寬通路行銷。選擇 3 家銷售商，當其中的一家銷售商將機器人玩具銷售出去之後，接著又有很多人來銷售商這裡購買這款玩具。其他兩家銷售商看到這款玩具銷量還不錯，爭先恐後爭取客戶來他們的商店購買機器人玩具。

在短短的兩個月，Kelly 的這款玩具賣出 500 萬個，可以說，這款玩具的銷量比他們原計劃要銷售出的數量還要多。沒過多長時間，又有幾家銷售商加入，但這個時候，Kelly 發現，機器人玩具的銷量卻沒有原來那麼暢銷了。Kelly 透過考察市場發現，因為銷售機器人玩具的中間商太多，消費者覺得這種機器人玩具隨處可見，不覺得稀奇，自然也就沒有購買的欲望。銷售商見這款玩具銷售得不好後，自然也就沒有為消費者推銷的積極性。這時，Kelly 就想，既然這種銷售通路遇到了瓶頸，那麼就需要改變一下行銷通路策略。隨後，他就和自己的創業團隊一起開始商討另一套銷售玩具的方案。

創業者佈局行銷通路之前，首先要對行銷通路進行設計。創業者在創業初期應該有目的地進行通路研究與決策制定，了解消費者真正的需求，制定通路目標，確定通路方案，同

時進行有效評估。行銷通路是客戶價值傳遞系統其中的一種，每個通路成員和層級都需要為客戶增加價值，因此，創業者需要清晰地了解以下幾方面的內容（圖 5-15）。

5-15　增加客戶價值

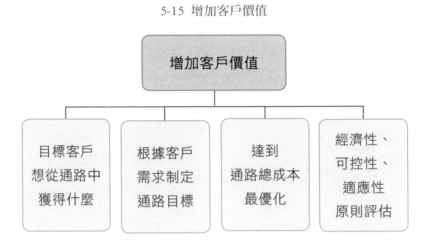

穩健高效的通路佈局具有很重要的價值，合理的行銷通路佈局不僅可以提高企業的行銷效率，還可以在一定程度上降低成本。企業將產品交給中間商，讓中間商銷售的原因是，中間商在往目標市場推銷產品更具有優勢，他們熟悉市場，有客源。企業要讓產品在目標市場和目標客戶中立足，就需要一定的時間開發，這樣反而降低行銷產品效率。同時，企業如果直接銷售產品，必定需要收集目標客戶的相關資訊，了解競爭對手的相關情況等。企業在展開這些工作時，必定

需要動用人力和財力。如果企業將這些事交給中間商來做，那自然省時省力，節省成本。

隨著經濟的發展，科技的不斷創新，行銷通路也會不斷變更，但無論創業者運用什麼樣的行銷通路銷售產品，最終都是為了贏得消費者，快速進入市場和獲得市場競爭力。未來，企業可以創新行銷通路策略，在原有的基礎上提高效率，降低成本，在短時間內將產品銷售出去。

● ● ●

高效創新的促銷手段

促銷手段亦稱為促銷策略，指企業運用有效的方法讓消費者認知產品，注意產品，並對產品產生興趣，願意花錢購買產品。企業能夠在行銷市場上創造顧客價值，同時還要運用有效的方式去溝通這種價值。創業者應該運用高效而有創意的促銷手段為消費者傳遞產品相關資訊，讓顧客在短時間內接受產品促銷資訊，並增加他們的購買慾。

企業為促進銷售而採用多種形式的促銷手段將促銷資訊傳遞給中間商，再由中間商透過有效促銷手段建立起消費者與產品服務之間的親密關係，達到成功傳遞促銷資訊的目的。一般情況下，促銷的方式方法分為兩大類（圖 5-16）。

5-16 促銷方法

人員推銷
包括推銷人員、推銷物件、推銷產品

非人員促銷
廣告、營業推廣、公共關係等

　　人員推銷，指企業委派銷售人員向消費者直接推銷產品和服務，屬於直接銷售方式。人員推銷有三種形式，即上門推銷、櫃檯推銷和會議推銷。與其他推銷方式相比，人員推銷具有以下特徵（圖 5-17）。

5-17　人員推銷的特徵

掌握要點	→	溝通性強	→	方便合作

人員具有高素質	←	易促成交易

　　銷售人員拜訪客戶之前，必須要做好充分的準備，了解消費者的基本情況，以便於採取適合消費者容易接受的方式銷售產品。銷售人員在與客戶面對面交流時，要隨時觀察客戶的表情，注意客戶的言語，要從客戶的表情及言語中獲取有用的資訊。銷售人員應該以最好的狀態向客戶展示產品最好的一面，達到以最好的狀態向客戶展示產品資訊的目的。銷售人員與客戶面對面溝通，不僅可以直接將產品相關資訊傳

遞給客戶，還可以與客戶建立友好的關係，以促進銷售。銷售者在與客戶溝通的過程中，必須表現一定的專業知識，這樣才能以靈活多變的方式進行產品的推銷。

非人員促銷包含廣告、營業推廣和公共關係等促銷方式。廣告，指企業向相關媒體付費並委託媒體傳遞給消費者企業及企業產品、品牌。企業透過廣告促銷的方式可以在短時間內讓消費者了解企業及產品品牌，同時，企業借助媒體的力量，可以讓產品在消費者面前更具有說服力。這種促銷方式可以讓客戶清晰地認識產品的品質、特徵與使用方法，在一定程度上引導並激發客戶去購買產品。一般情況下，企業應該透過以下廣告形式進行產品的促銷（圖 5-18）。

5-18 促銷方法

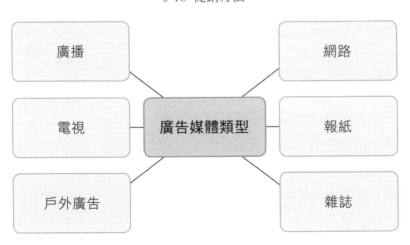

除此之外，企業還可以透過其他廣告類型進行產品與服務促銷，但每種廣告促銷都具備各自的優點與缺點，這就需要企業根據產品特點與消費者及市場需求來制定符合自身的促銷形式，同時，還要從成本和媒體傳播的有效性出發，以達到良好的廣告促銷目的。

營業推廣，指企業採取各種短期方式刺激消費，鼓勵中間商與各代理進行產品與服務的促銷活動，引導消費。營業推廣又稱為銷售促進，如廣告可以為消費者購買某一種產品和服務提供理由，讓消費者在短時間內快速做出決定，購買產品。營業推廣可以透過抽獎活動、代金券、贈品、返點折扣等形式進行促銷。在進行營業推廣之前，企業必須面對一個很大的目標市場，而且還要選擇消費人群較多的場合，讓消費者在短時間內產生購買行為。

◉ 案例

某化妝品店即將舉辦周年店慶活動，店內相關負責人為店慶做出這樣的規劃，首先對所有商品推出優惠券折扣活動，也就是店內所有化妝品，凡消費滿 1000 元，就可獲得一張現金折扣優惠券，消費依次累加。另外，生產廠家的一款祛斑化妝品庫存較多，為此，店內策劃人又專門推出這款祛斑產

品買一贈一活動，活動時間僅限 3 天。

活動開始的第一天，這家化妝品店的顧客人數比平時多了很多。店內尤其是祛斑的這一款化妝品賣得較好，這一天，顧客開始瘋狂地購買這一款化妝品。到第二天，這一款化妝品的庫存量所剩寥寥無幾。到第三天，當其他顧客得知這一消息之後，這款祛斑化妝品已經賣完了，於是，他們選擇有優惠券的化妝品。經過 3 天的店慶活動，這家化妝品店盈利達到 500 萬元，同時還解決一些化妝品廠家面臨的庫存問題，可謂一舉兩得。

營業推廣的促銷方式具備有以下特徵（圖 5-19）。

5-19 營業推廣的促銷方式特徵

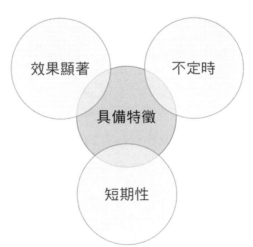

公共關係，指社會組織運用雙向溝通的方式協調組織內部和組織與社會公眾相互之間的聯繫，讓組織與社會公眾之間建立友好關係，最終達到樹立企業良好形象，促進產品與服務的銷售目的。企業公共關係的責任重大，承擔的任務較多，其負責收集新聞即將刊登的相關內容，以吸引消費者的關注度為目的；負責產品的宣傳工作；建立與維護和各個地區的友好關係；維護和股東間的友好關係等。公共關係的基本特徵如圖 5-20 所示。

5-20 公共關係的基本特徵

建立企業和社會關係	誠信、公平、共同發展	循序漸進、維持長期關係
建立良好社會形象，建立長期合作關係	此為公共關係的活動的基本原則	不可急切，以長期活動為基礎

企業需要有更加高效與具有創意的促銷手段，最關鍵的是要建立與消費者之間完美的溝通關係。目前，消費者的需求不斷發生改變，行銷方式和行銷環境也隨之而變化，市場行銷者將在新的行銷環境中面臨新的行銷挑戰，因此，促銷人

員需要開拓思想，不斷創新，採用新的促銷策略，去促進新
產品的銷售。

6

財務計畫：

告訴投資人你們靠什麼盈利

在商業計畫書中做出財務計畫，目的是為了告訴投資人企業對相關資金的使用、經營收支和財務成果等資訊，同時也能反映出企業預期的財務業績。企業應該在商業計畫書中制訂合理可行的財務計畫，進行企業運營的財務預測，保證財務計畫的順利實施，以達到企業盈利的目的。

● ● ●

合理可行的財務計畫

投資人同意為企業投資，最關鍵的還在於投資人想要知道企業未來的盈利情況。投資人關注企業內部機構與投資專案的行銷計畫，而關於企業財務計畫，其合理性是投資人最終決定究竟是否要投資的關鍵。

專案計畫書中的財務報告是告訴投資人企業在過去、現在和未來的財務情況。創業者要在專案計畫書中很好地表現企業財務計畫。商業計畫中的財務計畫是指創業公司或企業對相關資金的使用、經營收支和財務成果等資訊，可以反映公司或企業的財務業績。財務計畫包含以下兩種（圖6-1）。

6-1 財務計畫種類

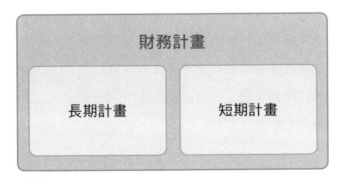

財務計畫

長期計畫　　　短期計畫

　　長期計畫是指企業在 3 到 5 年內需要完成的工作任務計畫；短期計畫是指企業的年度財務預算計畫。財務計畫是企業在運營的過程中的一種價值化表現，投資人希望能從專案計畫書中的財務計畫中了解公司未來經營財務的盈利情況，對投資獲得的回報做出判斷。因此，創業者在專案計畫書中製作財務計畫一定要合情合理。創業者應該對公司所需的資金數量做出合理評估，以取得投資人對公司專案的信任程度。相反，如果財務計畫不符合投資人的心意，就會給投資人留下不好的印象，這是對公司不利的。

　　財務計畫主要包含三大報表的製作與分析，這三大報表主要包含如圖 6-2 所示內容。

6-2 財務報表

現金流量表	資產負債表	利潤表
以現金和等價物為編製基礎而獲得其收入和支出情況	反映公司在特定日期財務狀況的報表	反映公司在一定會計核算期間經營成果的會計報表形式

　　流動資金是公司或企業的生命線，尤其是對於新創公司的運營與擴張，企業必須提前對流動資金做出周詳的計畫，過程中要嚴格控制資金的流動；資產負債表反映創業公司在某一時刻的狀況，投資人可以透過資產負債表裡的資料來衡量公司的經營狀況和可能的投資回報率。財務部分除了需要給出 3 到 5 年的財務計畫，同時還需要分析盈虧平衡點，以及資金的來源和使用情況；利潤表可以讓投資人看到創業公司的盈利狀況，是公司運作一段時間後的經營結果顯示。

◉ 案例

　　某企業為獲得融資，在為投資人的專案計畫書中展示企業的利潤表。表格上展現本企業的收入狀況讓人一目了然。專案計畫書中的利潤表中指明去年與今年的營業收入、營業成本和企業在營業過程中產生的費用。根據企業的營業利潤是營業收入減去營業成本和企業所需費用的原則，投資人又根據企業去年的利潤和今年利潤的對比對企業做出預測，覺得這家企業具有很大的提升空間。而且，企業利潤表上顯示企業在這兩年裡並沒有虧損現象。同時，這家企業在各方面也符合投資人要求。於是，投資人決定為這家企業投資，並與其建立長期有效的合作關係。

財務計畫的具體制訂步驟如上圖 6-3 所示。

6-3 財務計畫的制訂步驟

確定計劃、編製預計財務報表

運用預測技術分析經營計畫對預計利潤和財務比率的影響

確認支援長期計畫需要的資金

包含購買設備等固定資產及廣告宣傳、存貨等費用

預測未來一段時間即將使用的資金

由內部轉向外部融資的資金進行預測

企業內部建立可以控制資金分配與使用的系統

企業內部建立可以控制資金分配與使用的系統

制訂並適時調整基本計畫程式

基本計畫與其依賴的經濟預測和實際不符，應該做出調整

建立以績效的管理層報酬計畫

重在獎勵管理層按照股東想法經營

一份合理的財務計畫在專案計畫書中發揮著重大作用，為創業者尋求資金奠定堅實的基礎。

> 反映創業企業預期的資金需求量，
> 突出創業企業的資金需求計畫

> 增強投資人的信心，鼓勵投資

> 反映企業良好的財務管理能力

> 為企業的發展指明方向，找核心目標

創業者在專案計畫書中制訂財務計畫，其中的數據和資料要真實、完整，整理分析目前會計核算資料時，應提前進行調查研究，多徵求企業相關管理層與員工的意見。同時，企業編製的財務計畫的各項經濟指標要落實，而且還要建立和完善考核制度，做好不定期的檢查監督任務。總之，企業財務計畫要合理制訂，同時還要落到實處，保證實施時的順利進行。

公司運營的財務預測

公司運營的財務預測根據企業財務活動的歷史資料，結合目前的運營情況，對未來的財務活動和成果作出科學的預測。財務計畫並非是想像出來的，而是根據企業過去與目前的運營情況作出的假設。如果企業不能作出相應的財務預測，對應的財務資料也將起不到任何作用。對投資人來說，他們根據專案計畫書中的財務預測可以評定財務計畫的有效性。

企業在製作財務計畫之前，需要先預測出以下六個方面的資訊（圖6-4）。

6-4 預先預測資訊

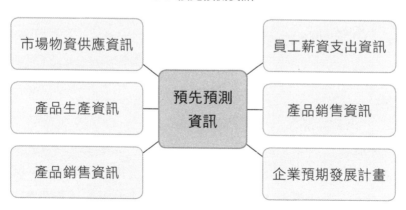

市場物資供應資訊

產品生產資訊

產品銷售資訊

預先預測資訊

員工薪資支出資訊

產品銷售資訊

企業預期發展計畫

企業預期銷售量在財務計畫中是非常關鍵的預期資料，而且這一內容需要創業者花費大量的時間和精力來完成。企業預期銷售量的準確度很重要，可以說，專案計畫書中的整個行銷計畫都是為了預測企業預期銷售量而做的。企業財會重要的兩個資料還包含售貨成本和毛利潤，這些由生產成本與定價策略共同決定。這一部分資料，創業者應該在專案計畫書中的行銷部分作出詳細說明。

對於想要獲得融資的企業而言，應該在專案計畫書中做出前幾年的企業財務報表，根據這些資料對企業未來 5 年的財務狀況，即現金流量、資產和盈利作出預測。企業可以根據目前發展狀況確定未來年度可能實現的盈利目標，接下來再核對歷史資料，根據這些資料來判斷財務報表專案和銷售的比例變化，再根據預測盈利目標確定每年的銷售額，最後借助最新估計的銷售額推斷出歷史模式，以此來估計單個財務報表專案。

◎ 案例

某企業生產學生課桌椅。過去兩年裡，這家企業課桌椅的銷售情況還不錯，如今企業相關負責人想擴大生產規模，需要投資人為企業投入一部分資金。投資人很看重這一專案，

他們先讓這家企業的負責人製作一份專案計畫書。企業負責人將專案計畫書交給投資人時，投資人認真閱讀專案計畫書中企業的財務預測內容。

專案計畫書中的財務預測內容裡做出前三年公司的財務報表，顯示企業產品——課桌椅的歷史庫存為銷售額的 30%，企業又對未來 5 年的財務狀況進行預測。他們預測接下來一年的銷售額為 3000 萬元。由此，他們又在財務預測報告中推出下一年的庫存為 600 萬元，以此類推。投資人結合企業公司現狀和過去的財務報表和其他情況，覺得企業財務預測有邏輯，估計數值合情合理。投資人經過內部商議之後，決定為企業投資，讓企業得到進一步拓展。

除此之外，創業者還應該根據不同的標誌將財務預測進行分類（圖 6-5）。

6-5 預先預測資訊

根據預測時間劃分	根據性質劃分	根據預測物件劃分
·長期預測 ·中期預測 ·短期預測	·定性預測 ·定量預測	·投資預測 ·募資預測 ·成本預測 ·收入預測 ·利潤預測

根據預測態勢劃分	根據預測值的多少劃分
·表態預測 ·動態預測	·單項預測 ·多項預測

創業者不可以盲目地將財務預測加入商業計畫中。凡事都講求方法，根據企業面臨的實際情況，企業運營時進行財務預測有兩種方法，分別為定性預測和定量預測。定性預測是

根據判斷事物具備的各種因素、屬性進行預測。這要求企業
財務人員必須具備一定的邏輯思維，進行邏輯推理，而且還
要具有豐富的工作經驗，對財務預測能做出準確的判斷。具
體表現形式為相關工作人員看到材料，依靠個人的實際經驗
進行分析，然後對相關事物的未來發展做出預測。定量預測
是根據事物面臨的各種因素，或者其具備的屬性數量關係進
行預測。相關工作人員可以根據事物的歷史屬性總結出內在
規律，根據連貫性和類推性原則，再加上數字的準確運算，
對未來事物的數量做出預測。

一般情況下，企業運營的財務預測流程如圖 6-6 所示。

6-6 企業運營的財務預測流程

明確財務預測對象與目標	由此才能根據預測目標、內容及要求鎖定預測範圍和時間
制定預測計畫	包括組織領導、人事安排、經費預算等預測工作
資料整理、篩選	明確資料的收集方式與途徑，明確內容，保證內容的真實性

確定預測方法	其方法必須要有科學依據，同時要選擇適當的方法進行預測
進行實際預測	根據預測方法進行科學的財務預算，可用不同的形式表示
評價 並作出修改	保證最終預測值的準確性

　　企業運營的財務預測的最終目的是為了表現財務管理的事先性。企業做出財務預測，一方面可以幫助企業財務人員認清企業未來發展的方向，讓其對企業的未來有清晰的認識，同時，企業財務預測讓財務計畫的預期目標和未來可能變化的環境與經濟條件相一致。另一方面，財務預測報告要在專案計畫書中有明確的表現，這是企業以間接的方式告訴投資人如何盈利賺錢。科學準確的財務預測是創業者得到投資人青睞的有力保證。

財務計畫的制訂和實施

財務計畫的制訂以企業生產、銷售、物質供應、勞動薪資和技術組織及設備維修為基礎。企業財務計畫的制訂與實施的最終目的是為了確立財務管理上的奮鬥目標，獲得投資人資金的支援，達到提高經濟效益的結果。

財務計畫的制訂流程如圖 6-7 所示。

6-7 財務計畫的制訂流程

財務計畫制定流程			
企業高層管理依據財務決策提出一定時期的經營目標，同時向各級、各部門下達規劃指標	各級、各部門按指示編製本部門預算草案	財務部門對預算草案進行審核、協調、匯總編製，再交由企業相關負責人，以獲得批准資格	將獲得批准的預算下放到各級、各部門，由他們來具體執行各自的任務

　　財務計畫是企業經營計畫的重要組成部分，企業財務實施的一系列活動又是企業經營活動的表現形式，同時，財務活動又對經營活動達到重要作用。企業財務應該制定合理而科學的經濟核算。這樣一來，企業經營活動才可以實現經營目標。企業按照財務計畫的內容，根據財務計畫內容的要求來制訂財務計畫，財務計畫可根據以下要求來制訂（圖 6-8）。

6-8　財務計畫制訂依據

　　企業財務人員制訂工作計畫，尤其是制訂未來幾年的財務計畫，應該結合企業的實際情況，做好日常會計核算工作。月財務計畫的制訂，財務人員應該將每個月的工作內容記錄下來，並做好每個月的盤點工作。企業也應該完善財務制度，加強平時的學習教育。企業財務人員在制訂財務計畫時，應該根據企業核算要求和各部門的實際情況，按照會計法和企業會計制定的要求做好財務軟體的初始化工作；配合會計師

事務所對公司年度的年終會計報表進行審計，並按照相關部門的要求，完成會計報表的匯總和上報工作；配合外部審計機構對總公司上一年度財務收支情況進行審計，提高資金的使用效益；認真完成企業主管下達的任務，並完成相應指標的預算和制定工作；做好日常會計核算工作，如編製會計憑證、編製相關會計報表、及時裝訂會計憑證等工作；幫助銷售部了解貨款回收情況，並做好貨款回收工作；積極籌備資金，保證企業的運營順暢。除此之外，財務人員還應該努力完成公司董事會交代的相關任務。

◉ 案例

2022 年是某公司飛速發展的一年。這一年，像往常一樣，某公司結合實際情況，讓財務部做好日常會計核算工作，以達到為消費者提供最好服務的目的。除此之外，完善公司財務制度，推進規範管理，保障公司能夠做大做強。

這家公司制訂財務計畫，認真管理、核算，並監督指導部門，根據企業發展規劃編製和下達企業財務預算，接下來還對預算的實施情況進行有效管理。他們對公司的生產經營和資金運行情況進行科學的核算。公司財務部門做出的財務預測、財務決策、財務預算、財務控制和財務分析在未來的一

段時間裡大大地提高公司的經濟效益，讓公司在未來的發展中充滿了希望。

　　企業財務計畫的制訂方式多種多樣，一般可分為以下四種（圖6-9）。

6-9 企業財務計畫的制定方式

固定計劃 A	按照計畫期某一固定的經營水準制定財務計畫
彈性計畫 B	按照計畫期內若干經營水準制訂具有伸縮性的財務計畫
滾動計畫 C	採用持續連續的方式，讓計畫期從始到終都保持一定長度的財務計畫
零基計畫 D	對計畫期內指標以零為起點，再考慮各項指標應達到的水準而編製財務計畫

　　企業財務計畫的實施，應該根據制訂的相應計畫將各項經濟指標分解並落實至企業收購、銷售、儲存和加工等各個環節中。這樣一來，各業務環節就會承擔一定的經濟指標和經營目標任務，保證財務計畫的各項經濟指標都真正落到實處。企業可以根據業務部門實際完成的業績和財務預算指標進行比較。這樣的話，企業效益的完成情況一目了然。

　　企業合理科學地制訂財務計畫，後續工作人員實施起來才會一帆風順。相對應地，企業員工對財務計畫的實施又為未來財務計畫的制訂奠定堅實的基礎，讓財務人員根據有力的資料作出正確的判斷。企業財務計畫的制訂和實施有益於未來企業的經營，有益於企業的良好發展。

企業盈虧分析

　　企業的盈虧分析是指創業者根據本企業創業專案的銷售量、創業成本和獲得的利潤三者相互依賴的關係進行分析，以達到企業的盈虧平衡，同時對企業盈利情況的變化進行分析。一些創業企業在創業初期之所以會失敗，很大一部分的原因就是因為創業企業將大部分資金都投入到購買固定資產活動中，造成企業收支的不平衡。

　　一個成功的企業，在創業的道路上應該進行盈虧平衡分析，讓企業在短時間內儘快盈利，讓企業正常運轉起來。在盈虧分析中，企業的總成本按照性質進行劃分，可分為以下兩種（圖6-10）。

6-10 企業的總成本

A 固定成本　　B 變動成本

　　固定成本是指不隨銷售量變化的那部分成本，如辦公費、折舊費等。變動成本量指隨銷售量變化的那部分成本，如燃料、原材料等。盈虧分析除了與固定成本和變動成本有關係之外，還與銷售量和利潤之間有關係。盈虧分析在控制工作中具有以下幾個作用（圖 6-11）。

6-11　盈虧分析的作用

預測達到目標利潤的銷售量	進行成本控制
分析各種因素的變化對利潤的影響	分析出企業經營的安全率

　　盈虧平衡分析是透過盈虧平衡點分析專案成本和收益平衡關係的一種方法。不確定因素會影響投資方案的經濟效果，這些不確定因素包含銷售量、成本、產品價格和投資等。當這些不確定因素達到某一臨界點，必定會影響到方案的最終結果。盈虧平衡分析的最終目的就是為了找到這一臨界點，也就是盈虧平衡點，找出投資方案對那些不確定因素的承受

能力。一般情況下，企業收入＝成本＋利潤，假如企業沒有利潤，那麼收入＝成本＝固定成本＋變動成本，即：

收入＝銷售量 × 價格

變動成本＝單位變動成本 × 銷售量

銷售量 × 價格＝固定成本＋單位變動成本 × 銷售量

因此，盈虧平衡點＝固定成本／每計量單位的貢獻差數。

◉ 案例

　　某醫療企業生產醫療設備，企業財務人員在做財務計畫時，發現其醫療收入低於盈虧平衡點。投資人看到專案計畫書中的盈虧平衡數值後，便捨棄與這家醫療企業的合作。該企業相關負責人意識到這個問題，覺得應該在短時間內提高醫療設備的收入，讓醫療收入數值高於盈虧平衡點，儘快讓企業盈利，為以後擴大經營、贏得投資打下堅實的基礎。

　　盈虧平衡點越低，證明專案盈利的機會就越大，出現虧損的機率也就隨之而減小，投資人從這個數值也就能看得到創業專案抵抗風險的能力。因為盈虧平衡分析是分析產量、成本和利潤之間的關係，也稱為產量成本利潤。盈虧平衡點的表達形式多樣化，可以用單位產品售價、實物產量、年固定

成本總量、單位產品可變成本和生產能力表示，也可以用生產能力利用率等相對量表示。產量和生產能力利用率是進行方案不確定性分析最為常見的。根據生產成本、銷售成本和銷售量之間是否呈線性關係，可將盈虧平衡分析分為以下兩種（圖6-12）。

6-12 盈虧平衡分析的分類

線性盈虧平衡分析 V.S. 非線性盈虧平衡分析

盈虧平衡分析是企業進行預測、決策、計畫與控制等經營活動的重要內容，是企業進行這些活動不可缺少的。同樣，盈虧企業也是管理會計的一項基礎內容。透過專案計畫書中的盈虧平衡分析，可以對專案的風險情況以及專案對各種因素不確定性的承受能力很好地做出判斷，為投資人最終的決定提供有力的依據。

● ● ●

投資人收益分析

創業者在制訂專案計畫書的財務計畫時，應該明白一點，就是讓投資人看到自己投入資金獲得的回報。但創業者也不能單純地理解為只要讓投資人在專案計畫書中看到自己的盈利情況就可以。要知道，為投資人提交專案計畫書的不僅僅只是你的企業，還有很多企業。這時候，創業者就要讓投資人從財務計畫中看到有利於投資人的收益，讓他們覺得將創業資金投入你的企業是最合算、收益最高的。

企業在財務計畫中繪製財務報表是必不可少的，財務報表包括以下幾個內容（圖 6-13）。

6-13 財務報表內容

這些內容雖然是必不可少的，不過投資人需要了解到的是清晰明瞭、一眼便知的內容。有的時候，他們是看不懂裡面那些繁瑣數字的，因此我們只需要讓投資人看到最終企業的盈利情況是怎麼樣的即可。創業者可透過以下分析來清晰地解答投資人的疑問（圖 6-14）。

6-14　財務報表內容

總資產收益率也可以稱為資產保存率，是指企業在一段時間內實現收益額和企業平均資產總額的比率。企業進行這項分析可以清晰地看到總資產盈利的能力。同時，進行總資產收益率分析具有如圖 6-15 所示作用。

總資產報酬率是指淨利潤和資產總額的比率，這個資料可以讓投資人清晰地看到企業利潤分配是否公平，公平的利潤分配可以讓投資人放心地將資金投入企業。總資產報酬率分析可以客觀地衡量出企業總體資產盈利能力，還可以清晰地表現出企業使用應有資產盈利的能力。

6-15 進行總資產收益率分析的作用

A	B	C
直觀地衡量企業資產運用的效率和使用資金的最終結果	分析企業盈利的穩定與持久性	分析出企業面臨風險的程度

⊙ 案例

Mickey剛開始創業，和他一同創業的還有他的兩個好朋友。他們計畫透過生產電子產品實現自己的理想。一開始，他們將手中能拿得出來的資金都投入公司，但資金還是不夠。於是，他們就透過找投資人來資助自己的公司，讓公司儘快運轉起來。

透過一段時間的努力，Mickey 終於找到了一家有意向投資的公司。公司相關負責人要求他在短時間內製作出一份專案計畫書。當 Mickey 將專案計畫書交到投資人手中時，投資人卻從財務計畫的總資產報酬率分析中看出 Mickey 為其他兩個股東偏袒，給他們分得的利潤要遠超於投資人，而且上面投資人最終獲得的利益也不與他們即將投入的資金獲得的回報成正比。投資人對這份專案計畫書非常不滿，果斷地拒絕對 Mickey 企業的投資。

淨資產收益率分析能夠讓投資人了解到自己投入的資金究竟能夠獲得多少利潤。投資人透過淨資產收益能夠判斷出投資帶來的效率，還能分析出企業管理者對企業所起的作用，也就是分析出管理者的管理水準，同時也能知道投資人所獲得的投資回報。

資金收益率，企業資金來源一部分來自於投資人投資資金，一部分來自於企業多年累積資金，還有一部分來自於捐贈資金。投資人在了解自己擁有資產盈利的基礎上還需要了解自己原始投入本金盈利的情況。企業資金收益率越高，就證明投資人注入的資金回報率越高。

企業創業者應該明白，在專案計畫書中制定出合理的投資人收益，對企業引進資金是非常重要的。絕大多數投資人都

是理性投資人，他們在投資前都會認真分析投資的收益情況。投資人應該根據投資人對風險承受的能力科學合理地進行投資收益分析，以符合投資人的心意。

7

資金退出：

讓投資人能夠進得來
更能出得去

風險投資人並不是為了投資而投資，他們關心投資回報，關心投資風險。所以，商業計畫書要讓投資人看到資金退出的時間、資金退出的情況以及最終以什麼樣的方式進行資金退出，以保證其利益最大化。

資金退出的主要內容

創業者製作專案計畫書時，要站在投資人的角度，讓投資人從專案計畫書中得知最後應如何退出。這時，就需要投資人來制定良好的資金退出策略。創業者也應該以正確的態度面對這個問題，保證資金退出是為投資成功而制定的。

資金退出的過程就相當於是一名運動員在賽道上賽跑，從起點出發，就要朝著終點駛進。創業者制訂專案計畫書也應該像運動員一樣，考慮事情要有始有終，做事情要顧全大局。

這時，我們需要先了解一下資金退出的主要內容，一般包含以下三項內容（圖 7-1）。

7-1 資金退出

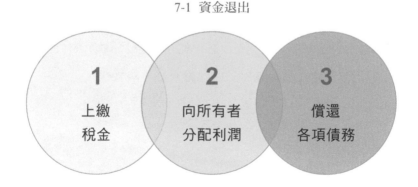

　　資金退出指撤出正在投資的方案，也稱為資本退出，可以是撤資，也可以是投資人投資者投入的資金在企業不再運轉，這部分資金會在特定時間撤出，接下來的時間，投資人也不會再投入資金。一般而言，資金退出包含以下兩種內容（圖7-2）。

7-2 資金的退出方式

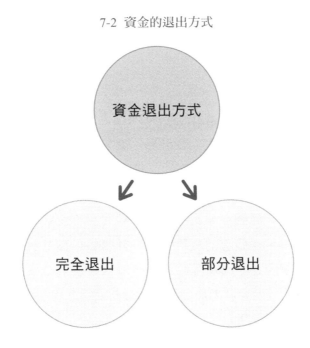

　　完全退出是指投資人完全放棄相應權益；部分退出則隱藏著某種戰略意圖。這裡需要指出，薪資和獎金並不屬於資金退出。

　　創業者和投資人應該明白，投資退出並不僅限於企業出現虧損時的被迫行為，這一策略應該在投資前就已經擬定好了。一些創業企業在獲得投資後，往往會想著以後該如何順利經營企業，而不去想資金的退出問題。當然，獲得投資是創業企業的一個美好的開始，相應地，投資人也要想到最後應該有個完美的結局。

◉ 案例

　　Walt 在創業初期，創業方案即將投入市場，但就是因為資金的缺乏而使創業方案無法啟動。之前他也找了幾家創投公司，希望為他的企業投入資金，最終卻都遭到婉拒。後來有一家公司對他企業的方案很感興趣。他們先讓 Walt 製作一份專案計畫書，他們從專案計畫書中得知投資企業可獲得巨額回報，同時，他們也認真研究專案計畫書中關於風險分析的部分。慶幸的是，這家風險投資公司也熱衷於這樣的風險投資，最後，他們還看到創業企業以 5 年為風險投資的存續期，看到可靠的退出機制。於是，風險投資人決定為 Walt 的創業專案投資 100 萬元。皆大歡喜的是，Walt 的公司在短短的時間裡就盈利近 2 億元。5 年後，Walt 的公司被其他公司收購，風險投資人撤資。

　　創業者將投資人投入的資金完善地利用起來，才能做到在關鍵時刻有力出擊。對於投資專案，應該有進有退，這樣才能抓住新一輪的投資機會，再次制訂新的投資計畫。創業者為了能夠保證投資人資金的順利撤出，就應該制定良好的退出策略，以讓投資人將資金放心地投入你的企業。

　　投資人分為以下兩種（圖 7-3）。

7-3　投資人的分類

普通投資人　　風險投資人

　　一般情況下，普通投資人追求的是長期投資收益，和創業者建立一種長期的合作關係，透過股利的收益回收投資，是循序漸進的，通常不會一次性撤出資金。而風險投資人關心的是投資和收益。風險投資人面臨著巨大的風險，不過也有可能會得到巨額收益。由此，風險投資人並不是為了投資而

投資，而是可以透過最終資金退出的方式獲得巨額收益，是進行一次性資金撤出。

綜上所述，投資人尤其是風險投資人最想要在專案計畫書中看到的是投資退出的方式，他們希望自己最終可以在專案計畫書中看到便捷的資金退出管道，由此來補償他們在風險資金上承擔的高風險。這時，創業者為了幫助投資人在資金退出時實現收益變現，讓對方重新順利找到投資對象，就應該制定科學而可靠的投資退出機制，以讓其對自己的企業產生信任。

風險控制和資金退出的理論依據

　　無論是創業者還是投資人，都明白一個道理，那就是投資有風險。而投資退出是風險投資最為關鍵的一步。其實，也不僅僅只是資金的退出存在風險，從創業企業的方案運用的那一刻起，當風險資金注入創業企業，風險就無處不在。這時候，就需要創業者在專案計畫書中告訴投資人應該如何進行風險控制，然後尋找合適的機會進行資金退出。

　　在了解風險控制與資金退出之前，創業者應該先認識清楚什麼是創業風險。創業風險是指創業過程中存在的風險，其由創業環境的不確定性，創業機會、創業公司的複雜性，創業者、創業團隊和風險投資人的能力、實力的高低決定，風險增大時，會而致使創業活動與預期目標背道而馳。創業風險具有如圖 7-4 所示特徵。

7-4 創業風險

為進一步了解創業風險，然後進行有效管理，本書將創業
風險的內容進行進一步分類，如圖 7-5 所示。

7-5 創業風險類型

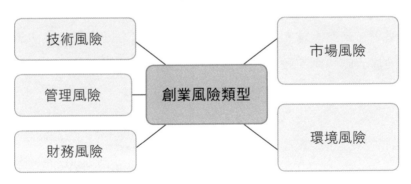

　　技術風險是指創業企業因技術方面的因素及變化的不確定性可能會導致創業失敗所帶來的風險；管理風險是指創業企業因出現的管理不合理而導致創業失敗所帶來的風險；財務風險是指因資金無法適應需求可能導致創業失敗所帶來的風險；市場風險是指創業方案投入市場，因市場的不確定性可能會導致創業失敗所帶來的風險；環境風險是指創業企業目前所處的社會環境、法律環境和政策環境，或者因意外災害可能導致創業失敗所帶來的風險。導致創業失敗引起的風險還有很多種，需要創業者周全考慮，針對不同的風險給出相應的預防措施，以保證投資人及企業利潤的最大化。

⊙ 案例

　　某創業企業為防範財務風險制定一些措施，以達到為企業創造最大利益的目的。該企業的創業者加強自身的風險意識，嚴格確保財務計畫的合理合法。在此基礎上還提高企業的財務實力，以加強企業的抗風險能力。除此之外，還加強財務風險管理，建立財務評價體系，運用有效措施對存在的財務風險進行控制與處理。建立科學化財務預測機制，提前周密安排的融資計畫。除了對財務風險採取有效措施之外，還加強技術風險和市場風險等防範措施，以使自己和投資人盈利。

從理論上分析，風險投資的最佳退出時間是企業的利益達到最大化階段，但在實際中，資金退出卻受到市場等方面的影響，因此在資金退出方面存在一定的差異。接下來，我們從以下三個方面來進行分析，以確定資金退出的最佳時機，如圖 7-6 所示。

7-6 創業企業決定資金退出需要考慮的要素

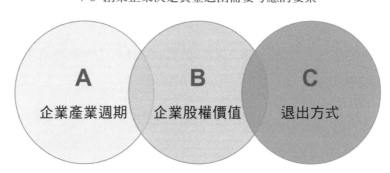

一般情況下，創業者都認為，風險投資應該在被投資企業的成熟期退出。但如果企業存在技術風險或市場風險時，就應該考慮儘早退出；如果創業專案發展到成長期以後，又即將面臨與競爭對手間的激烈競爭，那麼在競爭對手的產品進入市場之前，創業企業就要考慮是否應該提前退出，以保障獲得高利潤。當創業企業在財務上存在很嚴重的問題，比如說在計算股權持有價值小於零時，就應該立即退出。

　　資金退出的時機要與退出的方式相一致，這樣才能達到良好的效果。資金退出的時機選擇還受企業經營狀況、預期收入和所處金融環境等多方面的影響，因此，資金退出時要從實際出發，選擇最佳時機退出。

● ● ●

資金退出的方式

　　一般情況下，投資公司或投資人為創業公司投資，是一種高風險、高利潤、高回報的投資方式，我們將此統稱為風險投資。作為風險投資人，他們進行投資並非是為了獲取股息或者長期持有所投資公司的股份，而是希望最終能透過資金退出方式獲得高額回報。

　　這時候，風險投資人就需要創業公司在專案計畫書中制定出資金退出的預期方式，用以估測資金退出時創業企業為自己帶來的豐厚利潤。目前，資金退出有如圖7-7所示4種方式。

7-7 資金退出方式

A 公開上市	B 股權回購
C 合併與收購	D 破產清算

企業公開上市是資金退出的最完美的方式。公開上市既能夠保持創業公司的獨立性，又可以獲得證券市場持續融資的有利條件。一個企業，首次公開上市退出時透過掛牌上市的方式讓風險投資人進行資金退出。而創業公司上市時機的選擇和創業公司的生命週期有密切的聯繫。對於高科技公司，其成長週期可分為以下四個階段，如圖 7-8 所示。

7-8　高科技公司成長週期的四個階段

一般情況下，創業公司上市的最佳時機是在穩定成長期，在此之前，公司還是需要投資人給予資金上的支援。如果創業公司在這段時間裡的現金流量為負數，那麼，投資人就不願意再將資金投入。還有就是當企業進入成熟期，增值的潛力並不大時，這個時候，公司上市也就毫無意義了。

⊙ 案例

　　某企業成立於 2016 年，當時獲得一家投資公司的青睞。經過不到 3 年的發展，這家創業企業的股票公開發行上市。證券界權威人士進行這預測，企業每股可以賣到很高的價格，到開盤時，每股是當時權威人士預測值的 5 倍。

　　這家創業企業原本是一個小企業，一夜之間一鳴驚人，企業的市場價值暴升，成為當地創業企業學習的榜樣。當然，這也是令人驚詫的一件奇聞，企業創業人讓自己和資金退出的投資人一夜暴富，讓所有人都覺得付出是值得的。

公開上市具有如圖 7-9 所示幾種優勢。

7-9 高科技公司成長週期的四個階段

1 可以為風險企業的發展 籌集大量資金	**2** 可以為創業者和 風險投資人指出退路
3 讓創業者和風險投資人的 利益最大化	**4** 可以提高創業者為投資人 分擔風險的良好聲譽

　　股權回購是指創業公司的管理層透過購回風險投資人手中的股份，致使資金退出，最終由風險投資人選擇是否賣出手中的股票。風險投資人簽訂協定時，創業者應該給予風險投資人應有的選擇權，可以在未來的某一個時間裡讓創業者按照之前商議好的形式和股票價格購買風險投資人手中的股票；創業者選擇是否要買入風險投資人手中的股票，讓創業者在未來的某一時間裡以相似的形式和股票價格購買風險投資人手中的股票。

合併與收購指創業公司被一家實力較強的公司合併或收購，致使風險資金退出。公司上市需要一個過程，如果創業企業在短期內未能達到首次上市的標準，就需要採用這種退出方式以讓投資人尋求下一輪的投資。一般情況下，合併與收購具有如圖 7-10 所示三種方式。

7-10　合併與收購

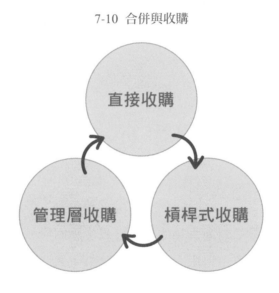

眾所周知，合併與收購的這種方式的資金退出比不上首次公開上市的收益，但能夠於短時間內讓風險投資人的資金在合適的時間從創業公司退出。因此，合併與收購是資金退出重要的一種方式。

　　破產清算是風險投資人最不願意面臨的一種資金退出方式。風險投資面臨的風險高，對應地，失敗的機率也十分高。如果創業公司面臨經營失敗，就不得不選擇這種資金退出的方式。破產清算，顧名思義，必定會有資金的損失，但即便如此，也能讓風險投資人的資金及時退出，以對下一個創業公司進行投入。

●●●────────────────────────────

資金退出需要注意的問題

創業者了解資金退出，接下來還要了解資金退出需要注意的問題。創業者應該讓投資人在專案計畫書中了解清楚如何去界定資金退出，同時還要讓他們了解該如何去面對投資風險形式、風險大小等問題。

資金投資退出的基本要素包含以下幾種（圖 7-11）。

7-11 資金投資退出的基本要素

1 退出時間

2 退出主體

3 退出方式

4 退出目的

5 退出性質

首先，創業者應該讓投資人明白，創業公司即將面臨什麼樣的基本風險，指出什麼類型的風險會影響公司的生存和發展；然後，創業者還應該在專案計畫書中提出公司正面臨哪些風險，指出正面臨的風險相關的防範措施；最為關鍵的是，創業者應該指出市場和技術方面面臨的最大風險，同時也應該指出應該採取的應對措施；創業者還應該指出的是創業公司在未來有哪幾種退出方式，首先應該以哪種方式退出；如果創業公司計畫在未來幾年內上市，那麼就應該選取公司上市作為首要退出方式。這時候，創業者應考慮是否在專案計畫書中指出公司上市的運營計畫。

◉ 案例

某創業公司在為投資人提供的專案計畫書中指出市場風險。他們指出，產品採用最新的技術，但卻對市場是否能夠適應具有不確定性。如果市場存在極大風險，那麼就會導致新技術、新產品的商業化、產業化過程中斷，甚至導致創業失敗。創業者也提出相應的防範措施。創業者在專案計畫書中要加強產品銷售，並建立一套完善的市場訊息回饋體系，提高客戶的信任程度，以達到企業盈利的最大化。除此之外，創業者還指出其他的行銷策略，以順應市場的發展需求，解決相應的問題。

創業者還在專案計畫書中提出，在未來 3 到 5 年內要讓公司首次公開上市，讓投資人順利進行資金退出，以獲得最大的利潤。

除此之外，創業者還應該告訴投資人資金退出的意義所在（圖 7-12），以消除投資人在這方面的諸多顧慮。

7-12 資金退出的意義

資金退出的意義	為風險資金的可持續發展營造良好條件
	為彌補整體風險資金承擔的風險
	可以精準地評價創業資產和風險投資活動的價值所在
	吸引社會資金的加入
	讓企業有創新和進一步的發展
	讓風險投資市場順暢運作

　　資金退出有 4 種方式，創業者應該讓投資人明白，資金退出的方式各有利弊，公司上市是投資回報率最高的方式，合併與收購是資金回收最快的一種方法，股份回購是保障資金最穩的一種方式，而破產清算則是防止公司擴大損失的一種有效手段。為此，投資人在選擇的時候要根據市場環境和自身的風險偏好進行選擇。

　　資金退出的準確界定，可以從退出的時間、方式、主體、性質和目的等方面來把握。除此之外，創業者還應該讓投資人明白資金退出中存在的其他問題，並對其實行完善的機制，以制定出合理的資金退出制度。

8

市場分析：

與投資人形成共鳴

投資人可以透過商業計畫書中的市場分析，清晰地認識到產品的市場前景，判斷出企業實施相應的戰略能否滿足實質性的市場需求。所以，市場分析在某種程度上告訴投資人，為什麼賺錢的是我們。把這一點寫好，就很容易引起投資人的共鳴。

● ● ●

市場分析的主要內容

　　市場分析是對市場供需變化的各種因素及趨勢和動態的分析。創業者在進行市場分析時需要收集相關的資料與資料，運用正確的方式分析研究市場的變化規律，了解消費者對創業專案的需求，對應地企業也應該及時採納消費者的意見，認清市場對產品的需求量，認清產品的銷售趨勢，認清產品在市場中的競爭情況，等等。

　　市場分析是創業公司對外部環境的研究，如果創業者不在專案計畫書中重視這方面的內容，就會讓專案計畫書與實際計畫背道而馳。創業者只有在專案計畫書中對市場進行合理的分析，才能讓企業從根本上立於不敗之地。市場分析主要介紹公司產品和服務的市場情況，包含以下幾方面的內容（圖 8-1）。

8-1 市場分析內容

目標市場　　市場競爭中的位置　　競爭對手的相關情況　　未來市場的發展趨勢

　　除此之外，還需要對市場的其他方面進行分析。創業者想要界定這方面的內容，就需要對創業公司目前所處的行業、環境、市場，以及目前和潛在消費者，還有競爭對手等進行分析。創業者要想讓投資人詳細了解市場分析的真正含義，那麼就應該在專案計畫書編製之前，掌握以下幾點內容（圖8-2）。

8-2　市場分析注意事項

客觀性問題	運用科學的方法進行研究調查，保證資訊的真實性
系統性問題	按照預定計畫及要求去收集資料，並進行分析及解釋
資料與資訊	應向決策者提供資訊，並不是資料
決策導向	市場分析是為決策服務的管理工具

　　創業者還應該在專案計畫書中詳細闡述所處行業成功因素及市場需求的細分與定位等內容。創業者在撰寫這部分內容時，要以已被證實的資料為分析基礎，以增大投資人的信任。從估計市場銷售潛力的角度來說，創業者可根據目前已經具備的市場調查資料，運用以下方法進行市場分析（圖 8-3）。

8-3　市場分析方法

A　直接資料法　　B　必然結果法　　C　符合因素法

　　直接資料法是運用目前已有的企業銷售統計資料和同行業銷售統計資料相比較，或者直接採用行業地區市場的銷售統計資料和整個社會地區市場銷售統計資料相比較。透過分析市場佔有率的變化來尋找目標市場。必然結果法是指商品消費上的連帶主副等因果關係，用一種商品的銷售量，或者供給量來分析另一種商品市場的需求量。符合因素法指選一組有關聯的市場影響因素，透過綜合分析來測定相關商品的潛在銷售量。

◉ 案例

　　某企業在為投資人提交專案計畫書之前進行市場分析。他們對市場的人口進行統計，統計資料包括對人口年齡、收入和受教育程度的統計，同時，企業相關人士還對市場人口的心理特徵進行統計，並進行分析。當企業了解市場大部分人口的特徵、興趣和消費習慣之後，他們就會根據消費者的需求將產品投入市場。企業做到這一點，也就是告訴了投資人，自己的產品進入對應的市場，在一定時間內是可以獲得豐厚利潤的。

　　市場分析的方法多種多樣，創業者對市場進行系統分析和研究時，首先應該對複雜的市場問題進行闡述，並對其基礎理論、微觀市場和宏觀市場進行詳細分析，然後對市場上多種多樣的類型進行詳盡說明。這樣，投資人才能對市場的實際狀況，以及創業方案在市場上的運行情況有深入的了解。

　　創業者在專案計畫書中進行市場分析具有以下作用（圖 8-4）。

8-4 行業成功的直接因素

是企業正確制定行銷戰略的基礎	是實施行銷戰略計畫的有力保障

　　市場分析能夠幫助企業解決重大的經營決策相關的問題。透過市場分析，可以讓創業者和投資人更好地認識市場的商品供應和需求。相關企業可以透過科學的經營戰略去滿足市場的需求，最終提高企業經營活動的經濟效益，讓創業者和投資人共同盈利。

● ● ●

所處行業的成功因素

　　行業關鍵的成功因素是指能夠影響行業參與者在市場上成功的因素。行業可以界定公司的同類企業,同時也可以界定競爭對手。創業者在專案計畫書中除了要對市場進行分析外,還要對行業進行分析,確定其成功的關鍵性因素。

　　我們平時講到的服裝行業、餐飲行業、行動網路行業等都需要進行行業分析。創業者進行行業分析,可以為投資人介紹企業所歸屬產業領域的基本情況,同時還能讓投資人了解創業企業在整個產業中的地位。

　　行業成功的關鍵因素是指可以影響行業參與者是否可以在市場上成功的因素。其中與公司盈利能力直接相關的因素如圖 8-5 所示。

8-5　行業成功直接因素

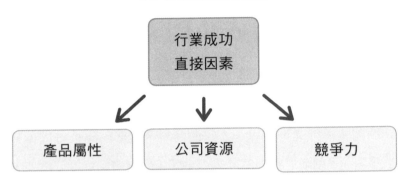

而影響到行業成功的關鍵性因素則有以下幾種（圖 8-6）。

8-6　影響行業成功的關鍵性因素

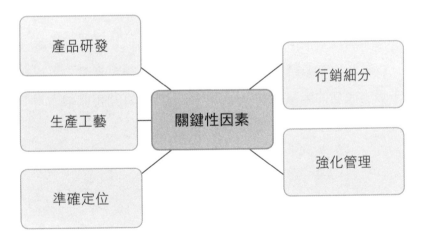

產品研發，創業者以市場為導向，研發產品要符合消費者需求；生產工藝，創業者時刻保證先進的生產工藝，生產出值得消費者信賴的產品；準確定位，創業者應該找準產品，對應市場，選好行業，也就是對產品、市場、企業行業、發展戰略進行精準定位，認清市場目標，找到適合自己企業的市場與消費者，為創業方案未來的發展奠定堅實的基礎；行銷細分，行銷是創業企業從戰略到戰術的一個精準的規劃，創業企業透過做好行銷的每個細節，以確保在短時間內讓創業專案變現；強化管理，企業內部管理的好壞直接影響到企業行銷的成敗，這時候，企業管理應該以市場為導向，進一步加強企業內部管理。

⊙ 案例

某一企業屬於裝修行業，該企業從一開始就為企業找準定位，為每位客戶服務之前，都要先考慮材料的品質問題，為每位裝修者提供最舒適的居住環境。開始，企業對自己所處的行業進行分析，以確定適合企業的目標人群，然後確定企業應該採用什麼樣的方法，以謀求生存與發展。

緊接著，企業又根據市場需求制定合理的價格，提供消費者喜歡的服務方式。慢慢地，企業的信譽度越來越高，企業

的設計理念也漸漸深入消費者的內心，獲得消費者的認可。經過兩年的發展，企業擴大了規模，繼續為消費者提供裝修方面的服務。

除此之外，行業成功的關鍵性因素還包含固定資產的利用率、禮貌服務於客戶、品質控制，等等。

綜上所述，將行業的關鍵成功因素進行總體概括如下（圖8-7）。

8-7 行業的關鍵成功因素

　　創業企業行業成功的關鍵因素主要可以解決以下問題（圖8-8）

8-8　行業的關鍵成功因素解決的問題

1	2	3
確定消費者在各競爭品牌之間最終的決定權	競爭廠商獲取資源，取得競爭權利	競爭廠商取得持續競爭優勢所採取的措施

　　對於行業成功的關鍵因素，投資人所願意了解的是創業企業所處行業的特點，當他們獲得相關知識，就可以分析出創業企業的發展、生存和未來獲利的情況。當然，企業所處的每個行業都具有其獨有的一面，因此獲得成功的機會也不相同。但無論企業奮鬥的過程如何，最終獲得成功都離不開創業專案順應市場的發展規律和企業內部的管理效率，這些對於行業取得成功是必不可少的。

　　任何企業的資源都是有限的，而每個企業處於某一行業時，都具有其獨有的優勢，企業要想在同一行業中鶴立雞群，就應該採用比競爭對手更好的方式，前提是符合企業本身發展需求。因此，創業者在選擇行業的關鍵成功因素進行分析時，一定要謹慎，這對於企業獲得最終成功是非常重要的。

市場需求的細分與定位

為適應市場需求，創業者須進行市場細分與定位。市場細分指根據消費者的需求、購買產品態度及購買能力的差異性，將整個市場劃分為不同的消費者群，達到適合子市場以滿足各子市場消費人群需求的目的。而市場定位，需要創業者在未來的一段時間裡在目標市場找準自己的位置。

每個消費者群體都是一個細分市場，每個細分市場都由相同需求的消費者組成。創業者在進行市場行銷決策時，首先應該做的就是進行市場細分。一般情況下，創業者可以根據消費者偏好的同質性將市場分為以下三種（圖 8-9）。

8-9 根據消費者偏好的市場劃分

同質型市場　分散型市場　群組型市場

　　市場細分的基礎以消費者對產品需求的差異為主，但這些差異是難以直接度量的，因此，創業者應該採用比較容易度量和與需求密切相關的變數來進行劃分。這些變數包含地理環境因素、消費行為因素、消費者心理因素等。市場細分的方式多種多樣，但並不是所有的細分都是有效的。這時候，需要創業者採用符合有效的市場細分條件來完成這項工作。有效的市場細分必須具備以下條件（圖 8-10）。

8-10　市場細分所具備的條件

A　可操作性

B　可測量性

C　可接近性

D　差別性

E　規模大

一般情況下，創業者按照以下流程進行市場細分，如圖 8-11 所示。

市場細分能夠促進企業進一步了解市場，同時還可以為企業產品與服務定位提供一定的分析基礎。市場細分有利於企業合理地選擇目標市場，並制訂市場行銷方案，市場細分還可以促進企業創業方案在市場的進一步發展，同時市場細分還有利於企業集中人、財、物，以投入目標市場。

8-11 市場細分流程

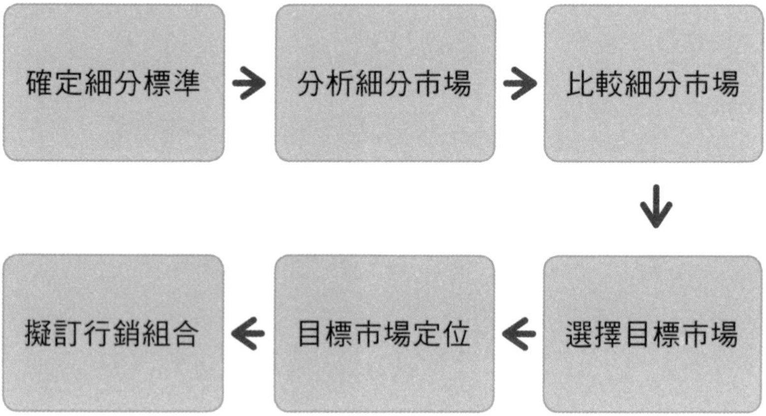

◉ 案例

　　某出版社根據消費者對不同書籍的需求差異（這些差異包括有醫學、教育、法律、歷史、農業、文化、美食等），為各類型的書籍編輯書名，以滿足不同的細分市場。書籍進入市場，一路暢銷，受到讀者的歡迎。

　　創業企業決定需要進入的細分市場，下一步就需要進行定位，以確定企業在消費者心目中佔有的位置。

　　產品定位是消費者對產品的認知、印象和好感的心理評估。消費者會在心中給產品定一個分值，以確定自己是否要購買產品。創業者應該在目標市場中對產品進行策劃，以獲得最大競爭優勢的定位。創業者必須制訂合理有效的方案，以達到這一定位。

　　創業企業處於細分市場，面對細分市場的消費者需求，應該確定自己的思路，做好定位。創業者應該制定有效的市場行銷策略，對目標市場進行有效的溝通，並傳達定位（圖8-12）。

8-12 如何對目標市場進行定位

　　創業企業想要優先佔領目標市場，就要在短時間內比競爭對手優先一步了解市場消費者需求，讓消費者了解並信賴企業創業方案。創業企業可以透過產品存在的差異突出產品的性能、設計等，以獲得市場核心競爭優勢。創業企業在偶然間會發現市場存在者競爭優勢的差異點，此時可以獲得市場競爭的優勢，但並不是所有的差異點都具有定位的價值，而

且差異點的選擇與獲取也並非易事，需要花費時間與精力進行研究與決策。企業品牌和產品的整體定位是指這一品牌和產品包含有差異化和定位呈現出的利益，也被稱為是價值主張。對於初創企業而言，必須要對產品進行有效的整體定位，以找到目標客戶，知道自己的價值所在，最終促進客戶購買產品。

企業確定了定位，還應該採取有效措施向目標客戶傳遞和溝通已經確立的定位。創業者確定具體的定位戰略之後，接下來需要花費時間來實施，以達到維持定位的目的。

市場競爭現狀分析

當今企業在市場中激烈競爭，尤其是同一行業的企業。企業在這場追逐賽中獲得勝利，就能成為市場上的贏家，如果失敗，就會面臨淘汰。投資人讓創業企業提供專案計畫書，也就是想要從中看出企業在市場上的競爭現狀，以此發現企業在市場的競爭優勢，以達到共同盈利的目的。

創業者對產業結構的認識和理解是形成企業競爭戰略的基礎。一個產業內部的競爭狀況由五種基本競爭作用力決定，如圖 8-13 所示。

8-13 五種基本競爭作用力

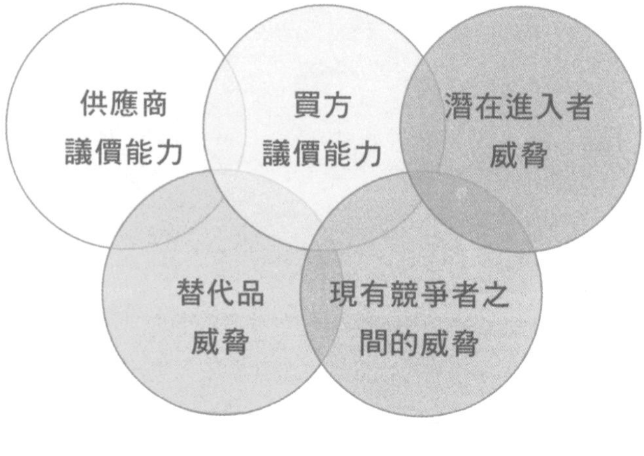

供應商
議價能力

買方
議價能力

潛在進入者
威脅

替代品
威脅

現有競爭者之
間的威脅

這五種競爭因素結合起來統稱為波特五力模型（Porter five forces analysis）。這些因素彙集在一起可以直接影響產業的競爭強度和產業利潤率。這種模型可以很好地分析出公司競爭環境，讓企業經營者制定出合理的企業競爭戰略。

除此之外，創業者還應該對本企業和競爭對手進行比較，最好的方式是以圖表的形式，和競爭對手進行文字或資料上的比較，以讓投資人清晰明瞭、直覺地對創業企業和其競爭對手進行分析。創業者可以制定一份競爭對比分析表，對下面這些內容進行對比（圖 8-14）。

8-14 競爭對比內容

A
對比專案

B
競爭者現狀

C
企業自身現狀

D
雙方優、劣勢

E
改進措施

　　圖中要為投資人展現企業和競爭對手的產品性能和資料，並進行比較。這樣，風險投資人就能直覺地看到企業產品和競爭對手之間的差異，以及企業在競爭中存在的優勢。如果企業在某一方面存在劣勢，創業者可以大膽地提出來，並制訂行動超越計畫，讓投資人看到企業的發展前景。

⊙ 案例

　　街區有兩家手工裁縫店，他們都生產中式服裝和旗袍。其中的一家店要進行店鋪的翻新、裝修，但卻因為缺乏資金而找投資人。經過一段時間的尋找，這家店終於找到一家投資企業，並向投資企業提交一份專案計畫書。

　　這家手工裁縫店在專案計畫書中對競爭對手進行分析與比較。裁縫店負責人指出店裡縫製的品質一流，但就是因為資金的缺乏而無法擴大經營。他們保證，如果資金到位，他們一定會為舊顧客提供他們滿意的縫製，同時，還要尋找新的顧客，開拓市場，獲得更高的利潤。

　　投資人看到這家手工裁縫店責任人在專案計畫書中做出的保證完全符合市場的需求，經過企業內部商議，他們決定為這家店投資。

任何一個創業者，在與同行業競爭的過程中，都會盡自己最大的能力去獲得在市場上的競爭優勢，最終贏得市場地位和市場佔有率。對於市場中不同的行業，有的創業者競爭的核心是價格，有的創業者競爭的核心是產品與服務的獨特性，有的則是品質，等等。同一行業的企業之間的競爭的激烈程度不同，這取決於多種的因素。

創業者在專案計畫書中應分析市場競爭的現狀，並制定出相應的戰略，由裡到外分析競爭壓力來自於哪裡，該如何應對，這樣的內容可以給投資人交出一份滿意的答案。

經典市場分析法

創業企業該怎麼去選擇好目標市場，這是獲得成功的首要條件。眾所周知，運用正確的方法選擇目標市場並不是件容易的事。需要創業者做好市場調查研究，運用經典市場分析法進行市場分析。

市場分析包含有四個方面的內容（圖 8-15）。

8-15 市場分析包含的內容

1	2
行業發展現狀和趨勢	企業在市場細分領域的發展狀況與發展前景

3	4
競爭對手分析，企業和競爭者優、劣勢分析	專案發展的優勢、劣勢、機會和威脅分析，即 SWOT 分析

創業企業想要做好市場分析，有兩種經典的分析方法，如圖 8-16 所示。

8-16 經典的市場分析方法

SWOT 分析法是企業進行戰略規劃和獲取競爭資訊的經典分析工具。這種分析法集合企業分析、環境分析和組合分析的結果，按照矩陣形式排列，運用系統分析的思想，將各種因素進行配對再分析，從中得出相對應的結論。創業者根據得出的結論來確定企業的戰略定位。其中，優勢和劣勢主要分析企業的內部原因，機會和威脅則針對企業的外部環境（圖 8-17）。

8-17 SWOT 分析法

優勢	企業比競爭對手優越的地方
劣勢	企業內部比不上競爭對手的地方
機會	外部環境因素一切有利於企業發展的機會
威脅	企業發展中有利或不利的外部因素，企業要給出應對措施

　　運用 SWOT 分析法，可以讓企業資源和環境之間達到最佳狀態，這樣，企業就可以進行可持續競爭的優勢發展。企業要想達到這一目的，首先應該建立企業優勢，然後要盡量減少劣勢或避免劣勢的策略，在此基礎上要開發機會，充分發揮企業自身優勢，減少對抗和威脅。企業進行 SWOT 分析法的流程如圖 8-18 所示。

8-18 SWOT 分析法的流程

1	2	3
分析環境因素	建構 SWOT 矩陣	制訂行動計畫

　企業根據目前所處環境，找出優勢、劣勢、機會和威脅，包含細分領域的關鍵性因素，了解企業發展所帶來的機遇和挑戰；接著根據企業的四大因素的實際情況和企業的影響程度進行排列，按照主次排列；最後，根據企業自身實際情況實施行動計畫，發揮企業優勢，找出企業存在的不足之處，並加以糾正。同時，計畫的實施要從大局出發，進行周密的部署，並總結經驗，謀劃未來。

⊙ 案例

　一家企業生產機器零件，開始時，企業具有充足的資金，但和其他競爭對手相比較缺乏關鍵的技術，所以，他們製作出來的產品品質也相對較差一些。為了提高技術，企業專門聘請精通製作零件的培訓師，培訓師對企業員工進行系統培訓。企業員工經過兩個月的培訓，在製作零件上有很多的改

善，企業此時擁有較強的技術力量。從此以後，這家企業的零件品質一流，客戶也對這家企業給予高度的評價。一年後，企業獲得高額利潤。

PEST 分析法是指企業所處宏觀環境的分析模型，PEST 是指對政治、經濟、社會、技術這四個因素的分析（圖 8-19）。

8-19　PEST 分析法

政治法律環境，創業企業要考慮企業發展戰略和政治因素、法律環境因素的協調性；經濟環境，要考慮宏觀經濟環境和微觀經濟環境；社會文化和自然環境，考慮與之相關的因素，就可以綜合考量出產品的市場出路；技術環境，對技術環境

進行認真的考量，可以保證產品的品質以及企業未來發展的
方向，為企業進一步開拓市場創造條件。

2AB546

兩週搞定，成功創業專案計畫書：

新創、開店、找資金，你該告訴投資人的幾件事

作　　者　張嶂、馬廣印
責任編輯　單春蘭
內頁設計　江麗姿
封面設計　走路花工作室

行銷企畫　辛政遠
行銷專員　楊惠潔
總 編 輯　姚蜀芸
副 社 長　黃錫鉉
總 經 理　吳濱伶
發 行 人　何飛鵬

出　　版　電腦人文化
發　　行　城邦文化事業股份有限公司
　　　　　歡迎光臨城邦讀書花園
　　　　　網址：ww.cite.com.tw

香港發行所　城邦（香港）出版集團有限公司
　　　　　香港灣仔駱克道 193 號東超商業中心 1 樓
　　　　　電話：(852) 25086231
　　　　　傳真：(852) 25789337
　　　　　E-mail：hkcite@biznetvigator.com

馬新發行所　馬新發行所　城邦（馬新）出版集團
　　　　　Cite (M) SdnBhd 41, JalanRadinAnum,
　　　　　Bandar Baru Sri Petaling, 57000 Kuala
　　　　　Lumpur,Malaysia.
　　　　　電話：(603)90563833
　　　　　傳真：(603) 90576622
　　　　　E-mail：services@cite.my

印　　刷　凱林彩印股份有限公司
　　　　　2022 年 10 月初版一刷 Printed in Taiwan.
定　　價　380 元

若書籍外觀有破損、缺頁、裝訂錯誤等不完整現象，想要換書、退書，或您有大量購書的需求服務，都請與客服中心聯繫。

客戶服務中心
地址：10483 台北市中山區民生東路二段 141 號 B1
服務電話：（02）2500-7718、（02）2500-7719
服務時間：週一至週五 9：30 ～ 18：00
24 小時傳真專線：（02）2500-1990 ～ 3
E-mail：service@readingclub.com.tw

※ 詢問書籍問題前，請註明您所購買的書名及書號，以及在哪一頁有問題，以便我們能加快處理速度為您服務。

廠商合作、作者投稿、讀者意見回饋，請至：
FB 粉絲團：http://www.facebook.com /InnoFair
E-mail 信箱：ifbook@hmg.com.tw

國家圖書館出版品預行編目資料

兩週搞定，成功創業專案計畫書：新創、開店、找資金，你該告訴投資人的幾件事／張嶂，馬廣印著 .-- 初版 .-- 臺北市：電腦人文化出版：城邦文化事業股份有限公司發行，2022.10
面；　公分 .--(Bizpro)

ISBN　978-957-2049-21-1(平裝)
1.CST: 企劃書

494.1　　　　　　　　　　111006775

中文繁體字版的出版，由中國經濟出版社正式授權，經由 CA-LINK International LLC 代理，由城邦文化事業股份有限公司／PCuSER 電腦人文化事業部出版中文繁體字版本。非經書面同意，不得以任何形式任意重制、轉載。